你这辈子过得开不开心，满不满意，

不在于你生活在纽约还是巴黎，

而在于你有多少激动人心的故事，有多少个热爱生活的瞬间。

一个人面对生活的表情，就是性格和内涵的真实写照。

只有内心里满满当当地装着美好，才能摆脱生活表面的相似。

“锦鲤”这两个字，并不是对美好生活的向往，

它是物欲，是流量。

你因侥幸而在这个世界所受的苦，

不要算到命运头上。

一个人的好运气，是从相信自己，

而不相信“转发锦鲤”开始的。

所谓命运，大多是我们自己的选择

万特特——著

中国出版集团 现代出版社

这世上有些势利是隐形的。

你越是强悍，越是威严，

别人越是肯对你说真话，对你用真心。

可当你又怂又弱的时候，

你对世界发出的每一个信号，都会收到讽刺的回声。

被动的结果绝不仅仅是失去某一次机会，

而是长期的生存困境。

你对即将发生的一切毫不知情，也不愿打破这虚假的和平。

看似安安稳稳，

实则身处在一个充满着偶然性的世界中，危机四伏。

永远不要抱怨生活亏欠了自己，

也永远不要相信“胖子也可以超级可爱，

软乎乎才显得呆萌”之类的话。

人最好看、最可爱的样子，

就是拒绝了从前所不能克服的诱惑，

人生开始真正的好起来的样子。

不要渴望从未知的事物上挖掘到意义，

那是注定要落空的。

比如命运。

从情理之中获得依据去理解未知，

才能洞悉飘忽不定的命运。

比如选择。

觉察命运的暗示，让每一次选择都有据可依。

金钱不是万恶之源，缺钱才是。

当你赚钱的速度跟不上花钱的速度，

支付宝里的余额填补不了内心欲望的时候，

你选择的权利只能减少。

虽说选择少不能完全判定你就是个失败者，

却逼迫你不得不延迟自己想得到的美好，并且承受双倍的煎熬。

前言

所谓命运，大多是我们自己的选择

为什么我们总是觉得自己活得很失败，竭尽全力之后，处境还是没有明显的改变，失败感缠身？

为什么命运很少打赏我们，我们付出再多的善良和仗义，也填不满别人内心的黑洞和恶意？

为什么无论你做了多少，有人还是变本加厉地要求你，利用你的爱，操控你、榨取你？

为什么起点相同、能力不相上下的两个人，未来却相去甚远，结局大不一样？

可见，人生是一场情理之中的意外。到了一定的年龄，人生的所有疑惑几乎全部可以浓缩成一个问题：应该如何面对生活中的各种选择?

大多数不如意的人生，都毁在错误的选择上。只有事过境迁，回顾其因果关系时，才能看清其惊人的影响。我们铸成大错的原因，常常是误以为我们很了解自己。在无知中游泳的人，必将在悲哀中沉没。没有例外和侥幸，只是时间问题。

你选择什么人作为伴侣，与什么人一起成就事业，甚至是选择一个朋友，那个人对你的影响，绝不仅仅是情绪上的。买了伪劣产品你只是损失一笔钱和好心情，伴侣、事业伙伴和朋友这三项，只要其中一项你选择了伪劣产品，都会严重影响你的生活、事业甚至是人生道路。

在吃什么和跟谁在一起吃这件事上，一点儿也不要将就。要让自己被一段关系滋养，而不是被消耗。经历一场有意义的感情，会让你受益终身。留给你的，如同河流留给山川的改变。

在选择这件事上的付出是可以看得到回报的。每个人一生的成就，都是由起点、选择和能力这三项元素相互作用的结果。起点和能力通常很难改变，我们唯一能左右的是我们自己的选择。这就是为什么做出最佳选择的人，变得最好；做出次佳选择的人变得次好；

选择错误或弃权的人变得越来越糟糕的原因。

选择了错误的顺序、错误的重点、错误的时机、错误的方向和错误的观念，当时还以为这只是平凡的一天，可就从这一天开始，你的人生马拉松完全跑错了路，费了很大的力气，最后却没有成绩。

我们三十岁时要交的考卷，在我们十几岁时就开始回答了。这是一场不能补考的考试。许多人甚至在还没有意识到这次考试会决定自己的命运时，人生就已尘埃落定。对与错并不会有老师敲黑板提醒你，那是你在对酒当歌后的暗夜、四下无人的街头，自己默默地悟到的，你无法说给别人听。

别误解了什么“所有失去的都会以另一种方式归来”“一切都是最好的安排”“上帝关上一扇门，会为你打开一扇窗”这样麻醉自己的话了，你听错了，那是以正确的选择和坚持不懈的努力为前提的。当你穷、弱且不自知时，上帝那双无形的手只负责关门，打开窗的事儿，你要自己来。

世事给我们的教训总是以磨难来告诉我们：这样不行，我们的能力不够，我们的努力方向不对，我们需要改变。

要么梦见生活，要么落实生活；要么随波逐流，要么掌握自己。毕竟命运有一半在你手里，另一半在上帝的手里。你的努力越超常，你手里掌握的那一半就越庞大，你获得的就越丰硕。在你彻底绝望的时候，别忘了自己拥有一半的命运；在你得意忘形的时候，别忘了上帝手里还有一半的命运。你一生的努力目标就是：用你自己的一半去换取上帝手中的一半。

升级认知的能力，觉察命运的暗示，让每一次选择都有据可依，会大大降低人生的复杂程度。选择是一门技艺，可是认真思考、演练过这门技艺的人却寥寥无几。如果你对这个问题也漫不经心，可能是因为你没有经历过足够大的痛苦，或者是因为你对后果估计不足。实际上，很少有人能真正找出如何做出正确的决定这个问题的症结所在。

如果你能在二十几岁时就明白了这件事，你已经超越同龄人一大截了。

在你还拥有选择权的时候千万不要掉以轻心，千万别轻言放弃。愿人间坎坷都是虚惊一场，愿世界还是那个世界，但幸好，你已不再一无所知。

目录

所谓命运，大多是我们自己的选择

我们都觉得改变自己的是命运，其实大部分所谓的命运，
都是我们一个个选择叠加出的结果。
选择了错误的顺序、错误的重点、错误的方向、错误的观念，
并不会有老师敲黑板告诉你提醒你。
你以为这只是平凡的一天，可就从这一天开始，
你人生的马拉松开始偏离了轨道，费了很大的劲，
最后却得不到成绩。

01 不怕你穷，只怕你认了穷也认了命

贫穷不仅是缺钱，而是从社会获取资源的机会变少，对生活的主动权和掌控力变弱。

-01-

晚上在家看书的时候，大格发来消息：你在忙吗？我好难过，求安慰。

原来是大格下周要参加同学会，如今的同学会已不再是“老同学见面忆年少”的主题了，而是相互观察打探，各怀心思的名利场。大格深知这一点，下了班后匆匆去了商场，想着至少在行头上不能丢了分。

大格看中了一双黑色高跟鞋，细腻光滑的皮质，恰到好处的水晶点缀，高度适宜的鞋跟把大格衬托得纤细高雅。大格试了又试，来来回回在镜子前徘徊，心里很是喜欢。可是悄悄看了一眼价签后，大格的心立刻就凉了。果然，一眼就看上的东西，大多是自己买不起的。这双鞋子差不多要花掉大格一个月的工资，这就意味着，这个月大格只能靠方便面度日。她转念又想，这鞋子从颜色到款式都十分百搭，而且做工精良，任何时候穿出去都能给自己平添些光彩。

正在大格心里打着小算盘时，店员走过来，面露不悦地说："小姐，这双鞋是小羊皮的，您这样试来试去很容易磨损的。上面的水晶如果磕碰受损，是要扣我们工资的。"

大格一时愣住，店员接着说："您不买的话，我们就收起来了。"大格怯怯地脱下鞋子，拎起包跑出了商场，一路强忍着眼泪回到家。用她的话说，店员的话虽然让她感到难堪，但真正让她难过的，是自己没办法拿出卡，大声说："这鞋子包起来，我要了！"

不要说女孩子虚荣、攀比。很多时候，一个女孩子的底气和尊严，真的就在那小小的金钱符号里。

所以，钱不重要吗？

如果钱不重要，那么为什么那个在聚会时提前找借口溜走的姑娘，纤纤背影和柔亮的长发在刹那间变得黯淡又可怜？

如果钱不重要，为什么那些深受婚姻之苦的女人们，就算姿态难堪、夜不能寐，也不肯离开多金的丈夫？

如果钱不重要，为什么有人在诗和远方谈谈情怀，有人却只能挣扎于眼前的苟且，数着日子过活？

当你赚钱的速度跟不上花钱的速度，支付宝里的余额填补不了内心欲望的时候，你选择的权利只能减少。虽说选择少不能完全判定你就是个失败者，却逼迫你不得不延迟自己想得到的美好，并且承受双倍的煎熬。

- 02 -

前几天在 YSL 专柜挑口红的时候，突然想起几年前的一件事。

大四那年，因为在同一个老师那里做毕业论文，所以我和陈同学的联络多了起来。那时候，我每月生活费就薄薄的一小沓，1000 块多一点。

一个周末，和陈同学逛街的时候，她看好一件雪纺衬衫，触感丝滑，搭配透着小女人味的蕾丝边，我记得那件衬衫900块，陈同学在付钱的时候气定神闲，毫不犹豫。紧接着我又被她拉到化妆品专柜去买香水，她很熟络地跟服务人员讨论香水的前调后调和持久度，我假装不经意地看了一眼价格，50毫升就要835块，我赶快把香水瓶放下，生怕弄碎了。

这个声称父母都是普通工人的陈同学，仅仅用了两个小时，就花掉了我近两个月的生活费。我还记得大一那年我们为了完成作业任务，一起去城区做调研的时候，住在一家简陋的青年旅社里。陈同学一整晚都没有睡，她既担心安全问题，又无法忍受破旧的屋内装饰，她说她再也不想住这种破地方了。

她应该是如愿了。

不知什么时候开始，陈同学的朋友圈，更像是一个大展台。她在游艇上喝着红酒，在海边穿着比基尼晒太阳，在高档酒店的落地镜前自拍，在豪车里捧着玫瑰花笑得灿烂无比。选修课她基本是不来的，宿舍楼走廊里常常听得到她清脆的高跟鞋声，她身上的香水味也愈加浓烈。

后来陈同学搬进了一间高档公寓，回宿舍也只是取点东西就走。偶尔在课堂上见到她，她会和我分享进口零食，会提到她新入手的包包是限量款很难买到。

听她宿舍的同学说，陈同学是找了个有钱的男朋友，男孩的老爸是做房地产的。

临近毕业的有天晚上，她哭红双眼来宿舍找我。她说自己出于好奇翻看了男朋友的手机，才发现自己不过是男孩众多女朋友之一，估计可以排到小五、小六了。她找男朋友对质，可男孩没有想要解释，更没有一点愧疚，甩下一句："像你这样的姑娘一抓一大把，你以为你是谁，忍不了就滚。"

陈同学哭得声嘶力竭，或许她不止在哭自己的遇人不淑，想到离开那男孩后，自己要重回一月1000块生活费、清汤寡水的日子里，才是钻心地难受吧?

没过几天，我陪陈同学去公寓收拾私人物品。冷暖舒适的空调，蓬松柔软的沙发，整洁明亮的落地窗望出去便是绿意盎然的公园，双开门冰箱里摆满了水果和饮品。是啊，这样的地方和拥挤的集体宿舍比起来，真的像天堂一样。陈同学不出声，一件一件叠着自己的衣物，可我分明看得到她眼睛里噙着的泪水。

在如今越发浮躁和处处充满诱惑的社会里，有人迷失在灯红酒绿中，以为自己再也不必回到卑微惨淡的过去。却不知这样的人生是包着糖粉的毒药，毒素在不知不觉中渗透到你的每一寸皮肉里，等待发作的时机。而一旦发作，便是你已溃烂的精神和无法承受的痛。

在我们还没有能力满足欲望的年纪，最怕的是你通过作弊，伸手摸到了一点儿天，就轻飘飘地觉得自己可以永远躺在云端上。其实你只是站在了看似美妙的泡沫上，误以为自己比别人更“聪明”地找到了捷径。

错觉终归是错觉，侥幸得到的东西，不会真是属于你。当有一天泡沫被戳破，你会从高空坠落，摔得血肉模糊，粉身碎骨。

在江湖里浪荡，手里有桨是至少的，自己有船就最好了。这个道理越早明白越好。即便年轻貌美，也要懂得自立不依赖。但凡他人，总是靠不住的。

这世间有太多痛苦的诞生，源于欲望与能力的错位。我们这一路，的确有轻松快速突围贫穷的办法，可贫穷它小肚鸡肠，报复心重。

一个人只有对金钱采用正当的获取方式，才能长久维持那份干净的财富，不然那邪恶的贫穷若得到半点可乘之机，会以更丑陋的样子卷土重来。

– 03 –

冬冬有一次火急火燎打电话给我，因为她知道我养宠物，张口便问我养宠物每月花费是多少。

我大概说了一下基本开销，除了每月的主粮和零食外，还有一些必备的宠物用品，定期还要打预防针。

我问她怎么了，她说一连几天下班后都在小区里看到一只流浪猫和它一窝小猫，天气冷了，它们冻得瑟瑟发抖，又没有充足的食物和干净的水。她想带它们回家却犹豫，一是房子是租的，不知道房东会不会同意她收养；二是目前每个月工资仅够她自己生活各方面的开销。

“猫咪的话可能还要经常更换猫砂，同时收养好多只的话，费用也肯定会增加。”

“哦。”我在电话这一头听得到她的失落。

最后，冬冬找来一个很大的纸壳盒子，在里面铺上隔凉的泡沫，找了一条毯子给小猫们。在旁边放好水和食物，她默默看了它们好一会儿，觉得鼻子有点酸，起身离开了。

她想为它们做的远不止这些，却也只能做到这样了。

这可能是一件很小的事，却在冬冬的心里别扭了很久。她从前觉得人只要能接受自己的现状，活得简单开心就好了，钱多钱少都有自己的活法。可是在转身离开那些小猫的时候，她在想：如果房子不是租的，而是自己的，那她根本不必在乎别人是否同意她收养。如果她每月生活费宽裕，多买几袋猫粮又算得了什么呢?

说到底还是钱的事。你可能会说，有很多穷人很善良，但我见过更多善良的人想帮助别人，却无能为力。

有些美好的东西，你富裕了不一定能得到，但如果你穷困，就一定会失去。因为贫穷限制了你的能力。

- 04 -

大学的时候，我常常利用空闲时间写文章投到自己喜欢的杂志上，虽然不是每一次都会被选中，但每一篇每一个字都是在为我自己而积累。偶尔拿到稿费会开心一整天，买一件心仪的小玩意奖励自己。

工作后，有时候我会在家熬夜加班，查资料写稿子。合租的姑娘会劝我："干吗把自己弄得这么累，知足常乐嘛。"我每次都只是笑笑不说话，我在心里反驳："我才二十几岁，不想现在就开始养老。"

你可能会问，为了前途和钱途就要变成从前自己讨厌的样子吗？难道没有钱生活就不会快乐吗？

那我问你，每个月过得紧巴巴，买一件大衣都要思来想去算计着有没有超支，这个月因为随了份子钱月底就要吃上几天泡面，因为怕迟到会扣钱，冬天更要早早起床，在公交站冻得跺脚。抱怨着上涨缓慢的工资、这次又没办法升职的男友以及被狗吃了的青春。难道这样的生活，就是当初你向往的吗？

你或许会说，有了钱这些就都不是问题了。日常太多的小确丧，无论是挤不上早高峰的地铁，买不起商场里四位数的包包，还是被老板苛责，被同事排挤，甚至连雾霾和沙尘暴带来的无力感都可以归咎为"穷"。

既然有钱就能解决你生活中的大多数难题，那冒昧问一句，你准备怎么暴富，是要创业，还是要重新做职业规划？或许用轻松调侃的口吻说起"何以解忧，唯有暴富"的时候，往往并不是想要改变，而是以此打哈哈，靠幻想逃避痛苦。

贫穷就是一种时差，一种和这世界的时差。当这种时差成为你的习惯了，你就会莫名地产生戾气，就会经常性地失去理性；当时差成了常态，你就会失去改变生活的信心，就会丢掉曾经让你心动不已的文艺情怀，只剩下永无止境的怨念、凑合和各种省钱小妙招。你看，它损害的远不只是心情，还有人的健康和身心和谐，它能颠倒一个人的世界。

倘若一个人错过了时机，在该脱贫的时候把精力白白浪费，带来的伤害是不可逆转的。

你可以用穷解释生活中一切的艰辛，却不该顺带放过了无所作为的自己。毕竟，我们的人生，不是为了全身而退而来的。能解忧的从来不是对一夜暴富的幻想，而是一个人在穷困时解决问题、寻求出路的能力。

我不否认，这个世界上有一批上帝的宠儿一出生就含着金汤匙，找得到有钱又浪漫的伴侣，一辈子平安快乐，衣食无忧，想买就买，应有尽有，从不为钱的事情发愁。

其实不必嫉妒，不必酸溜溜地感慨别人的好运气，那是他人的福气。而我们，含的是铁汤匙，走的是独木桥。你别跟我说，你到现在还相信着王子会来找公主，或者天上掉馅饼偏偏砸中你这种鬼话。

没事的时候，谁都能穷开心。真有事的时候，你连哭都找不到调。贫穷不仅是缺钱，而是从这个社会获取资源的机会变少，对生活的主动权和掌控力变弱。

这个时代很复杂，但好在它也很公平。它认可财富榜上有名的人，认可大V，同样，它也认可那些悄无声息的努力和汗水。听说北京街头卖煎饼的阿姨都月入3万了，你好意思哭穷？

打起精神，想想自己到底想要哪一种生活，并为此真的好好去拼一把。哪怕要面对老板的严苛、同事使的绊子，甚至憋屈、无奈、哭泣，你都要记住，这些都是通往更好的路上不可避免的。

不必一生巨富，但希望你永不会因钱而将就，因钱而委屈，因钱而受到伤害。

当你的钱包里塞满了汗水所得，买得起商场里你喜欢的那条裙子、那支口红，签下一份购房或购车合同时，你终会发现，除了享受，你还获得了从前未能拥有的自信，以及更值得期待的生活。

至于金钱不能买到什么，我劝你有了钱再操心这事。人要吃饱穿暖，才谈得上精神丰富。你追求的知识、见识、眼光、格局，大部分都是用物质支撑起来的。对于大部分人来说，从物质中获得幸福的时代还没有结束。

02 无趣是一种病，知识也解不了它的毒

你这一辈子过得开不开心，满不满意，不在于你生活在纽约还是巴黎，而在于你有多少激动人心的故事，有多少个热爱生活的瞬间。

- 01 -

有人说，一个人最糟糕的处境不是贫穷，也不是失恋。而是他逐渐被生活磨成一个无聊的人，自己却浑然不觉，依旧过着乏善可陈的日子。

认识一个学妹，毕业后在一家三线洗护品牌公司做着自己不喜欢的工作，二十出头的年纪却不打算跳槽到其他平台锻炼自己，也没有毅力去进修、提升自己。

但如果这姑娘安于这样的生活，也无可非议。可她偏偏逢人就抱怨工作无聊、同事难相处。朋友圈里发的每一条动态都是满满的负能量。不是半夜发张色彩昏暗的图片配文“好烦啊，失眠了”，就是大清早发一段埋怨早高峰堵车，又迟到扣了工资的话，再不就是转一下伪鸡汤，比如“上帝为你关上一扇门，还会为你加上一把锁”。

好了，终于到了假期，满屏晒美食美景的朋友圈里，只有她捧着平板追剧，旁边是散落的外卖餐盒，再配一句：睡到中午才起，什么都没做周末就过去了。

除此之外，姑娘的生活别无其他内容。偶尔问起她的近况，也是经年不变的回答：“还不就是那样。”

她的生活已经越来越贫乏，贫乏到不再因天气晴朗而心情大好，也不再因意外收到一份礼物而感到惊喜。二十几岁的年纪，竟活出了50岁的沧桑感。不去好奇这个世界，不去发现身边的美好，不努力改变现有的生活，却抱怨周遭一切的不公。

一个韶华正盛、面容姣好的姑娘，活成了一副了无生趣的皮囊。“没有意思”的怨，“生无可恋”的脸，如同美好的菜肴却忘记放盐。

年轻的每一天都值得盛装出席。当一个人的脸上写满了漫不经心与敷衍了事时，那些邋遢随意的时光，就是对命运妥协的第一步。这辈子的生活也只能停留在得过且过的层面了。

当你对生活粗糙时，生活也会对你敷衍以待。你不挑剔生活，生活就会对你百般挑剔。

能活着真好，最怕有些人肉体活着，灵魂是死的，在荒诞无聊中，变成了流水线上麻木的成年人。

- 02 -

太阳每天从东边升起从西边落下，日子一天天过着一如往常。循规蹈矩的上班、司空见惯的周末、周而复始的休假。

我们每个人看起来都一样在生活，但总有人能在这拖拖沓沓的日子里，踩出自己的节奏。这样的人比大多数的人，多了一个滤镜在观察世界。

萱萱是去年秋天公司招聘进来的新人，工作认真，待人热情。原本我和她私下的交集并不多，年底的时候萱萱新租的房子同我在一个园区。上下班也就常常一起出行，交流慢慢多了起来。

萱萱毕业的时候，父母在家乡为她安排了一份工作，薪水一般，但安稳轻松。可是萱萱认为，自己都还没有见过世界的样子，不能就困在那里过一生。

圣诞节的前一天，萱萱邀我去她家做客。我提着水果和准备作为礼物送给她的香薰精油，兴冲冲地去了她家。虽然离得近，但那是我第一次去她家。

她租的单身公寓大概40平方米，我推门进去，进入我视线的不是想象中简陋的出租房，而是清新浪漫的田园风格装饰。米黄色墙纸，碎花双人沙发，墙上挂着她这几年各地旅行的照片。白色书架上整齐地排列着她平时爱看的书，以及卡通公仔。她接过精油，滴在沙发旁的香薰加湿器里，屋里瞬间被甜美的桂花香弥漫。

“还有一个菜，马上就开饭。”她一边说着，一边熟练地系上围裙。

她做饭的时候，我倚在一旁看着她。浅灰色家居服，干净得没有一点起球，纤长的手指上没有过度的饰品。萱萱并非肤白貌美大长腿的女生，可是当你靠近她，总觉得她身上有种魔力吸引着你。

一个人在外生活的艰辛和工作的疲惫似乎没有侵略她的心。她纤瘦的样子，却透着一股热情乐观的气场。

她用土豆泥和西兰花做了一棵 mini 圣诞树，以彩色 M 豆做点缀。

用冰激凌机做了鲜奶冰激凌，搭配草莓果肉。她把蒜蓉开背虾做得有滋有味，冬瓜汤熬得火候恰好。她没有把朋友送来的玫瑰花插进花瓶，而是用线将它们一枝一枝地穿起来，挂在客厅，宛若花谷。

当大家把生活过成匆忙的流水席，在凌乱的出租屋凑合日子，不走心地糊弄工作，疏于经营每一段交情的时候，这姑娘愿意用心去对待每一件小事，努力把生活的每一个瞬间都贴上“美好”这个标签。

人生没有多少诗意，日常生活像一张琐碎的网。我们得学会在各种细碎的东西上，编织想象。

热爱生活的人，有很强的自我知觉能力。他们认真地跟生活较劲，把生活挑剔得只剩下舒适。这种挑剔里藏着生活的质感。他们不做生活里的群众演员，只做主角。

- 03 -

翻开《把时间浪费在美好的事物上》这本书，里面有作者淡然恬适的笑容，读书，种花，做手工。不用说自己不想说的话，不用刻意经营关系，不用在焦虑中入睡，然后被闹钟唤醒。做自己喜欢做的事情，躺在自己的本性里，舒适，随意，自由自在。

但如果你愿意，可以去翻看作者的人生履历表。在过上今天悠闲自在、与世无争的日子之前，她还走过一段不平静的人生：读书，打工，做导游，当演员，考研，进电视台，做记者，做编导，做主持人，做制片人……今天她享受着虚度时光的惬意，也曾为自己拼命努力过。

我们总对热爱有太多误解和假想，但纵观活得热闹的人的一生，未必比旁人多许多波澜起伏，只是在生活细密的褶皱里，懂得安插细碎而丰厚的趣味。并无时无刻地作为调味剂，滋养着风平浪静的生活，却也不忘记为自己留下暗流汹涌。平静又真实的热爱，才是最旷日持久的热爱，不喧哗也不张扬。

生活不是电影可以一跳而过，那些琐碎的、麻烦的、无聊的生活正是需要我们去面对的，而生活也会给你提示，让你找到层次更丰富的人生所在。

一个人面对生活的表情，就是性格和内涵的真实写照。只有内心里满满当当地装着美好，才能摆脱生活表面的相似。

不否认，我们每天醒来，日子与昨天几乎一样，早高峰的地铁公交还是一样的拥挤不堪，早餐也还是那几种一成不变，工作还是满满地堆成了小山。

在同样无趣干瘪的生活里，很多人仍给予了温暖和用心。以认真有趣的态度对待生活里看似无趣的小事，体悟到生活本质中微小的不易被发掘的欣喜。

比如，为办公桌上的空瓶插入一束你喜欢的桔梗花；给自己调一杯可口的奶茶，把蛋糕和饼干做成自己喜欢的形状，好好享受日光温热的周末午后；将洗好的床单晒在阳光下，感受那种棉制品暖烘烘的舒服感。

我见过很多人看起来年轻精致，但生活一塌糊涂。他们对时尚敏感，对身体和内心的感受愚钝。他们出门时光彩照人，闪得你睁不开眼睛，家里的地板可能已经几周没擦了。他们在微博、朋友圈里假装生活，但在真实的世界里没有生活。

或许，久居的城市想离开终究还是会再回来，听腻的歌删除很久终究又下载了回来，分别很久的人，说不准哪天又突然巧遇……什么事都有可能，可唯独时间退不回去，过去的日子也再回不来。如果没有在活着的每一天里倾注自己的温度和心思，人生恐怕不过是一片干巴巴的沙漠而已。

我只喜欢一类人，他们生活热情洋溢，他们渴望燃烧，像神话中巨型的黄色罗马蜡烛那样燃烧；渴望爆炸，像行星撞击那样在爆炸声中发出蓝色的光，令人惊叹不已。

你这一辈子过得开不开心，满不满意，不在于你生活在纽约还是巴黎，而在于你有多少激动人心的故事，有多少个热爱生活的瞬间。

如果一整天你都为自己的生活付出心意，学会了规定的单词，读完了必读的书，收尾了工作，写完了稿子，签约了合同，锻炼没有偷懒，没有忘记浇花……那么，当你遇到态度不好的出租车司机、多收钱的菜店阿姨、排队加塞的无良青年等，基本也会一笑置之。

因为生命要浪费在美好的事物上，你该有你最恰当的定位和最精彩的人生。

成年人的生活里没有容易二字。热爱生活的人不是没有糟心的琐事，只是他们往往能把负能量巧妙地转化掉，自己给自己提供快乐的能源。即使未被生活优待，却依旧努力着。他们和这个世界是朋友，是爱人，是亲人，他们选择与世界讲和，选择过滤掉丑恶和无秩序的混乱，只留下善意、有趣和美好。而且我相信，这世界也会对他们报以偏爱。

这世界其实是个巨大的游乐场，就看你会不会玩了。

03 人生所有捷径走到最后都得自己扛

“我养你”这三个字是一场豪赌，而赌注正是你自己。既然是赌必然存在输赢，若你落得输个精光的时候，又怨得了谁呢？

– 01 –

“你负责赚钱养家，我负责貌美如花”，这句话可以在很多女孩的博客和微信签名上看到。

不愿承受工作的压力，在家悠闲地当全职太太，或是生在富裕的家庭，一辈子悠闲，大概是许多女孩一心向往的生活。

不否认，“我养你”真的是特别动听的情话，而且女孩子很吃这一套，说内心为此火花四溅也不为过。

但是亲爱的姑娘，这话除非是自己老爸说可以百分百相信，别的男人说的，估计真的就只是说说而已，你千万别当真。

4年前大学毕业，同学徐徐因男友一句“跟我走吧，我来养你”便放弃了已经到手的入职通知，随他去了苏州。男友家庭条件优越，又是做外科医生的，收入可观。这让忙着四处投简历找工作的同学们羡慕不已，当然也包括我。

毕业一年后，我再次和徐徐有了联络。与其说联络，不如说是听她诉苦。

我记得那天已经凌晨，徐徐打来电话。声音沙哑，显然是哭过。

她反复跟我说起的一句话就是“当初他说不用我上班可以养我，这才过了没多久就各种嫌弃我了，现在矛盾越来越多，在一起时除了吵架就是沉默”。

“这一年你都忙什么了？”

“开始的时候经常去旅游、逛街，后来没意思就看电视、看小说。”

“那你老公工作后忙吗？”

“挺忙的，经常出差学习，年底的时候又升职加薪了。”

徐徐到了那边后整整一年找不到适合自己的工作，整日除了做简单的清扫以外就是偶尔看看招聘启事，不是觉得这个工作不适合自己，就是那个职位薪水不高。于是一直拖拖拉拉待业在家。

我同情徐徐，也能理解她男友为什么要分手。

因为男人爱意正浓时候的一句“我养你”，你就卸下了自己对这份感情的责任，过上了在家看肥皂剧、吃薯片的日子，完全没有意识到自己已经懒散得不成样子，和男友之间越来越远的差距。一个人已经自信满满地走向全世界，另一个人却只会窝在家里的沙发上刷剧，幼稚得像个宝宝。爱情这么脆弱的东西，怎么能抵挡得了人性的变化？很多在蜜罐里“养大”的女人，其实不是没本钱，也不是没本事，只是在那句“我养你一辈子”的侥幸里，一点一点活没了自我。比起把自己全盘托付给别人，我们最该关照的应该是自己。

爱情本身是无门槛的，却有质量上的差异。情感的脆弱在于它需要两个人不断滋养，才能长久。不然就会像一块不经料理的生肉，只能干巴巴地躺在那里，让人望而生厌，食而生腻。

别急着指责他骗了你，所有男人在发誓的时候真的觉得自己一定不会违背承诺。可到最后，男人说跟你没有共同语言，跟你在一起觉得生活索然无味的时候，也是真的。

“我养你”这三个字，是一场豪赌。赌你把全部身家押在一个人、一句好听的承诺上，更赌你自己能不能输得起。既然是赌，必然存在输赢，若你落得输个精光的时候，又怨得了谁呢？

你可以回想一下，但凡你爱上过的人，哪一个不是你被他身上某种闪光点吸引呢？若未见过你妆后的惊艳，怎会爱上你的素颜？可日子长了，惊艳不再，素颜变丑。所以他对你也是这样。两个人若能长期相处下去，其中必定藏有某种很微妙的“平衡”。

人总是想要平视着看世界，因为这种姿势最让人舒服和轻松。如果需要长期保持踮脚或俯身，是没有人能坚持下来的。这也就是我们所说的，最好的爱情是你很好，我也不差。

你可以单纯，但不能无知。说爱你的时候是天地可鉴，不爱的时候也是很难起死回生的。两个人同行，走得慢的那一个，迟早会被抛弃。

生活是一部现实主义巨作，所谓的永恒，不过是结构精巧、手法浪漫的比喻而已。不要把恋爱过于神化，在寸土寸金的成人世界里，恋爱和婚姻都是很烧钱的。

毕竟，爱情是两个强者的风花雪月，而不是一对弱者的苦大仇深。

- 02 -

徐徐的事让我想起，之前一篇文章以一个男人爱你的最高境界，就是把你当成女儿来养、嫁一个把你当女儿宠的男人为主题，在媒体平台被疯传。这话简直说到了年轻姑娘们的心坎里，嫁个把自己当女儿宠的男人，凡事由老公安排好，被捧在手心里，放在心尖上，十指不沾阳春水，不问生活艰难，只管阳春白雪、岁月静好。

生存压力和感情的归属感就都解决了，可谓一箭双雕。你选择了愿意相信，其实说白了不过是侥幸在作怪。你妄想通过这样的方式，轻轻松松就成为人生的赢家。

不能否认，姑娘们要是能遇到一个宠爱自己的恋人，那无疑是幸运的。但要想这份幸运能够长久，恐怕你还得有受宠的能力。

每一个经历过爱与被爱的人，大都有这样的体验。与其说我们质疑爱情本身，倒不如说我们无法估量爱情的有效期。爱情是一个美好有趣的过程，可这过程不一定是持续永久的，它不是感情的常态，更不是人生的常态。

男人可以对你宠溺纵容、有求必应。你的无赖任性、撒娇蛮横和作天作地，在他那里自动转化成了天真、可爱、孩子气。可男人也是肉体凡胎，不是神。是人就会有弱点、有情绪、有脾气，会累、会烦、会懒得哄你。

如果拿“把你当女儿宠”当作挑男友、衡量老公的标准的话，就等于你为自己的生活埋下了一颗随时会爆的炸弹。

在未来某一天，你发觉他变了，不再是那个时时刻刻照顾你情绪、有求必应的“好好先生”了。而他为工作忙得精疲力竭，愁眉不展，回家还要听你撒娇“本宝宝不开心”时，这颗炸弹就该爆了。

你猜不出生活究竟有多少暴风骤雨。你怎么可能永远躲在另一个人的羽翼下，只索要宠爱却永远不付出？不能长久的爱是因为我需要你，所以我爱你。而长久的爱，是因为我们相互爱慕，所以彼此需要。

真正的宠爱，应该是互相照顾，互相影响。你所享受到的点滴的爱，也应在宠爱你的人需要时，还于他。而不是像个吸血鬼一样，只知道从别人那里得到养分。

少问别人为什么，多问自己凭什么。凭什么让对方必须始终如一地宠你、爱你、呵护你？你又不是宠物！

- 03 -

蓁子的故事我之前讲过。

对我来说如童话故事里女主般存在的蓁子，在嫁入豪门后是个出门有保姆陪着，不工作也有不限额度的信用卡可以使用的女人。这个有老公爱护、儿女双全、让我羡慕的女人告诉我，这并不是她想要的生活。

孩子出生后，她便辞掉了工作。她每天的生活，就只有家和两个孩子，几乎没有自己的私人空间，更别说名校高材生的用武之地了。老公虽始终对他疼爱有加，但她心里知道自己和老公之间的共同话题变得越来越少。虽然在我学不好函数的年纪，她已经获得了全国奥林匹克数学竞赛的冠军，可她现在过得并不快乐。

在我们那次小聚后不久，蓁子决心每周一到周五把孩子交给婆婆和保姆来带。她为自己每周安排了三次创业培训，周五晚进修芭蕾，并且代理了母婴品牌，通过几番波折后如愿与电商平台合作，生意做得有声有色。

我打趣她："你老公这么优秀，你还这么拼干什么？"

蓁子："他的确养得起我，这一点我从不怀疑，但即便是这样，他也养不起我的灵魂。"

不难看出，如今的女性不只想要钱，更想要尊严。是在想买个名牌包的时候，能有自己刷单不必向谁讨要的自由感。是不想像隔壁王嫂一样带带孩子、打打麻将过碌碌无为的一生。

这是一个女人把自身成长看得比爱情更重要的时代，我们不需要通过一个男人来满足自己的愿望。光芒万丈的可以是男人，也可以是女人。

有人说，狭隘的爱情，是把对方当成全世界，当成独一无二的神。为之步步为营、患得患失、机关算尽，最后只能是丢了自己，丢了爱情。

美好又稳妥的爱情，是在各自的世界里独树一帜，你是海洋我是大地，我们在一起便是一片新大陆，生机盎然，柳暗花明。

爱情的自尊、婚姻的体面、你的安全感——这些，都不能靠一句"我养你"来成全，能成全你的，是养活自己的能力和底气。

最好的婚姻，从来不是"你负责赚钱养家，我负责貌美如花"。

最好的婚姻，是在拥有很多爱时依然独立，感情消散时可以潇洒离开，是彼时我可以无条件陪伴你，此刻也有底气离开你。

如果不努力提高、发展自己，那么无论你爱谁都会失败。如果没有爱他人的能力，不能真正真诚、有付出和有纪律地爱人，那么你在自己的爱情生活中永远都得不到满足。

“干得好不如嫁得好”这种毒鸡汤不要再喝了。你能靠自己，也能靠男人，这才是女人最好的选择。

长久的感情，不是绝对的独立自主和绝对的被对方照顾，而是在两种模式之间来回切换。

- 04 -

万般离合中，我们总会期待美好。比如他会接受我的缺点，比如他愿意把最后一张大饼留给我吃。可是当你想要什么的时候，也要想想自己能给什么。

你可能会觉得有点沮丧，但事实上的确是这样。如果一个女人百般发嗲，却无所付出，还期盼男人在过节时给自己发个红包，送支口红，那就不仅仅是无能问题了，可以说是丢掉了尊严。

我并不希望你在前行的路上是孤孤单单的一个人，能被爱被呵护的确是非常幸运的。但你要明白，爱情是相互扶持，不是扶贫。婚姻是爱情的佳酿，不是物质的枷锁。婚姻是两情相悦一起走，不是走投无路求收留。

不要拿太多精力和时间去研究如何找到多金男朋友、如何让男人更爱自己。对你来说更重要的，是你要拥有属于自己的能力和别人拿不走的本事，并让它成为你人生的支柱。

好的婚姻不是要成为彼此的拖油瓶，而是能彼此搀扶着一起走。带着目的去结婚，只会给婚姻埋下定时炸弹。不要低声下气地祈求婚姻，而是心安理得地享受婚姻。

无论你多少岁，都要相信，真爱永远是建立在平等之上的。

男人固然要有担当，女人也不能逃避成长。你实力不如另一方的时候，还期待对方来拯救你，这不是爱情，这是想得美。

既然全城的女孩都在抢那双可以去参加舞会的水晶鞋，那不如你自己挣钱买一双，或许能更快到达。

你应当有伸手向上的资本，也有伸手向下赚钱的能力，因为只有这样才会在拥有幸福生活的时候心安理得。希望你既可以让自己活得很好，也可以在爱人面前毫无芥蒂地依赖，你很独立，但这不妨碍你有个可以依靠的肩膀。

你要明白，你是你人生路上唯一不会背叛自己的人，唯一一盏长明灯。你放弃了，这条路就没有人走了，这盏灯也就灭了。

你要不断进行自我的塑造和经营，因为你就是你，绝不仅仅是某人的妻子。

人要吃饱穿暖，才谈得上精神丰富。

没事的时候，谁都能穷开心。真有事的时候，你连哭都找不着调。

贫穷不仅是缺钱，而且是从这个社会获取资源的机会变少，

从而缺乏对生活的主动权和掌控力。

至于金钱不能买到什么，我劝你有了钱再操心这事。

04 你的身材里，藏着你对生活的理解

与其抱怨世界对自己不够温柔，不如去成为一个好看的人。好看的人不仅仅是长得好看、穿得好看这么简单，他们拥有自己的风格，有能力设计自己的生活。把自己打造得与众人不同，本身就不是一件简单的事。

- 01 -

前几天，我在购物节那天连夜趴在电脑前拍下的新衣已经快递到家。

淡橘色紧身小衫配纯白蕾丝袖口，质感优良的牛仔半裙，这样的一套衣服，如果没有锁骨和小蛮腰，是穿不出“脉脉眼中波，盈盈花盛处”的美妙的。

将这套衣服挂进衣柜时，我瞥了一眼那几条破旧的，却没有被我

扔掉的牛仔裤。因为我每次看见它们，都好像有人使劲拍了一下我的天灵盖，它们的存在时刻提醒着我：你绝不能变回那个臃肿的自己。

我减肥的初衷，没有小说里被男友抛弃后拼命减肥的励志，也没有遭受无数冷嘲热讽后的逆袭，只因为一点点小小的委屈，在校庆大合唱上，音乐成绩优越的我最终没能担任领唱，原因就像你想的那样，谁会喜欢一个肉球站在前面领唱呢。

市面上常见的减肥方法，我几乎都试过，针灸拔罐、茶叶消脂、7天减肥、精油按摩、断食喝水，当然还包括减肥药。

所以，我可以以一个过来人的身份，负责任地告诉你，这些让人眼花缭乱又吹嘘着极速见效的方法多半都是骗人的！

在无数次吹气球般的反弹中，我恍然大悟，减肥的正道没别的，只有少吃并且多运动。或许你会觉得这是句废话，但没办法，这是减肥界最有用的一句废话。

有人说，为什么减肥成功的人总被称作“励志”？因为只有自制力超强的人，才能和吃这一本能做斗争！

我不相信有减不下去的肉，如果你还没有瘦下去，只能说明你对自己和肥肉还是不够狠。

有很多人都不是他们想做的那种人，而是他们不得不做的那种人。真正认识自己、改变自己是需要勇气的。

只有你过得了自己那一关，你才能被别人看到一点荣光。一丝不苟地塑造自己，才能换回站在万人中央的那一点骄傲。

那年夏天我开始了自己的减肥计划，节食加运动。早上吃一片全麦面包，中午吃以往1/3量的米饭以及少量蔬菜，晚餐是水果配酸奶，然后蹬40分钟的椭圆机或者去公园快走一个钟头。

直到今天，我还记得自己在椭圆机上腿部酸痛的感觉，汗水从额头上流下来滑进眼睛，我哼哼唧唧地唱着歌，为自己打气。那时我一度为此养成了早睡的习惯，心里默念着：快睡着快睡着，睡着就不饿了，熬到早上可以吃东西了。

你问我苦不苦?

节食让我每天都有一种马上就快饿死的感觉，我还戒掉了最爱的火锅和甜品，精神上更是难挨。而运动过程中大汗淋漓带来的欣快感，又将我从死神那里拉了回来。而我一直相信，在这段看似折磨自己的过程中，每一滴汗水，每一次挨饿，已经在让我变得更好。

不能保持良好的身材都是为自己的懒惰寻找借口。你控制不了自己的皮囊，再优质的内在都会失去支撑。

一胖毁所有，多出来的赘肉时时刻刻都在暴露自己的懒惰和放纵，或许我们都会有这样那样的缺点，但让自己如此糟糕的外在毁掉了原本还不错的内在，才是最大的遗憾。

在这个到处都在打鸡血喊努力的年代，不能从自身做起的努力都是假象。你连自己的嘴都管不住，那你的其他努力似乎都不值得信任。

— 02 —

实习的时候，办公室有位叫豆花的姑娘。我和她的第一次接触，是实习报到第一天。我背着书包进门，正巧她要出门，我本想身子侧一点就过去了，可是抬头看了看她之后，决定乖乖地退回去，让她先过去。

豆花出去扔饭盒的时候，有人在背后嬉笑，说她身高和体重一样，身高一米六，体重160斤，旁边有人接话：那如果跳进箱子里，不折不扣的正方形。大家笑成一片。我看着豆花微微抬头看了看，又迅速低下头走过去，什么都没有说。

胖女孩对这个世界更宽容，是因为她们认为自己太卑微，她们的内心更敏感更容易受刺激，像蚌壳中间那团柔弱的肉，被针一扎，就合起壳来再不愿打开。

一次录节目，作为小跟班的我们两个坐在一起聊天。热络起来后，豆花给我讲了她的故事。

原来豆花曾经也是位苗条姑娘，体重90斤，每次称体重的时候身边都有姐妹们羡慕的目光。在以瘦为美的校园时代，豆花或许称不上是美女，却也是个不折不扣的迷人少女。

当时追求豆花的男生不少，而真正让豆花喝下爱情鸡汤的，是一位学长，长相英俊，体贴细心。

两人恋爱谈得顺风顺水，本以为这段校园爱情会走进现实生活，可还是落入俗套地结束了。

大四实习期间，豆花去了上海，对方去了北京。刚开始还会保持密切的视频通话，在恋爱周年那天，对方请假赶来和她一起庆祝，直到今天，豆花说起这事，仍是一脸感动。

半年后，对方发短信分手，扔下一句：一切就怪异地恋吧。豆花一个人横跨马路，不顾路人的目光，痛哭着回家。

豆花还是决定去见对方一面，便订了机票。到对方公司楼下时，正是午饭时间，豆花站在马路对面，看着那个她曾经几度想要嫁给的男人，牵着另一个女孩的手走出来。

豆花没有跑过去撕扯着对方质问，因为分手的原因，她在那一刻明了了。

心如死灰的豆花在飞机上望着窗外的云层，视线渐渐模糊。那段时间，只要她醒着，零食从来不离手，点外卖、吃夜宵、喝汽水。短短一个月的时间，豆花体重从最初的92斤飙升到115斤，衣服从S码到L码疯狂转变。

好朋友打电话骂她，为一个不值得的男人过度消耗自己，这样的你简直让我们看不起。豆花这才渐渐回过神来，开始后悔当初的自暴自弃，也暗自下定决心减肥，甚至再也不吃东西，可惜没坚持多久，肚子上的肉软了又圆，圆了又软。最后想想算了，就任由横向发展，不加克制。后来性格也大变，变得没有自信，在别人面前不敢言语，总觉得自己比别人差。

豆花说：你看，老天不偏爱我，抛弃了我。

我起身抢过她手里的奶茶，扔进了垃圾桶，对她说：如果想改变，那就从这杯奶茶开始吧。

那些总是说世界黑暗，随随便便向欲望妥协的人，怎能体会到生活真正的意义？不要怪命运不公，爱情不明。如果你觉得自己就这样算了，其实是自己抛弃了自己，别人又如何拯救你。

自律的人才是真的爱自己，会把自己打扮成最佳状态，画美丽的妆容，穿得体的衣服，不允许身上出现一块多余的赘肉，也不允许被人爱来爱去。不放弃每一份向往，不卑微每一个命运，在坚持和热爱中前进。

一个人好看与否，不是身上一件衣服的差别，别人在意的不是这是什么牌子的衣服，而是这是什么样的人。

生活不会抛弃每个人，除非你不够热爱，你身上的每一块赘肉，都是你向自己欲望妥协的结果。与其抱怨世界对自己不够温柔，不如主动选择成为一个好看的人。

好看的人不仅仅是长得好看，穿得好看这么简单，他们拥有自己的风格，有能力设计自己的生活。把自己打造得与众人不同，本身就不是一件简单的事情。

- 03 -

前段时间，微博和朋友圈被芭莎慈善夜各路明星照片刷屏了，用“星光璀璨”四个字形容一点都不为过，每一位都相当美。

每一个女明星的美都不大相同，有人是大气从容的美，有人是小花旦初显锋芒的美，有人是带着些许英气的美，但唯一相同的特点是，她们都很瘦！细细白白的胳膊，笔直纤瘦的长腿。女人呢，有时候就是谁美谁有理。

微博评论区有人酸溜溜地留言：这些女明星真是命好，生得漂亮，靠脸赚钱。

我却不认同这样的想法，的确，天生好皮囊的人是不少，可终生美丽并不是属于天生丽质的人，而是属于那些对变美有执念的人。

一个人的身材反映了她的修养和约束自己行为的能力，减肥和保持体重其实就是学习克制和自律的过程。能控制住自己体重的人，才能控制住自己的生活，就能找到时间去享受生活美好的一面。

女人的一生中，衣服可以有几千套，钞票可以有千万张，而体面的好身材一辈子只有一副，旧了不能换，皱了不能烫。你看，好的身材才是无价的。

想一想，一个女人连自己的形象都不关心、不在乎，怎么能够证明她对自己人生是有责任感的呢？一个女人如果可以放纵自己的体形横向发展，凭什么说她追求精致的生活呢？

永远不要抱怨生活亏欠了自己，也永远不要相信“胖女孩也可以超级可爱，软乎乎的才显得呆萌”之类的话，人最好看、最可爱的样子，就是那些在为自己努力时的样子。你为自己倾注的心血，都是具备能量的。

当你从自己开始，拒绝了从前所不能克服的诱惑，你的人生才开始真正地好起来。

你会发现自己不再轻易急躁生气、害怕焦虑，也不会再抱怨诉苦，成长中的许多苦痛再也不会在你面前嚣张跋扈。这样的独立才会拥有被尊重的前提条件，为你赢得平等和公平。

你收获的不单单是身材和美，或许我们所有的问题——暴戾、疾病、抑郁和贪婪，都是从我们肥胖的那一刻开始的。所以你减的不是肥，而是对生活的抱怨、曲解和苦痛；你获得的也不只是马甲线，是对生活的骄傲、斗志和激昂。

像我一样胖过又瘦下来的人，提起肥胖，就像做了一场漫长的噩梦。大腿上的纹路像曾经受过伤的疤痕一样，不断提醒自己曾经是个胖子。有时不得不感叹命运多舛、现实多变，看脸的世界不容一丝质疑，但还好，在自己丑胖无助的岁月中，我没有放弃、纵容过自己，但愿你也一样。

世界鸟语花香，我们不能被肥肉讹上。

05 长期的低效努力是一种自虐

你不快乐的原因是，既无法忍受目前的状态，又没能力和愿望去改变这一切。你选择了自甘平庸的生活方式，却没有心安理得享受平庸的心态。

-01-

同学聚会的时候，和一个老同学聊天。她抱怨起收入太少，房贷车贷，孩子上学，每个月的工资花得紧紧巴巴，很难攒起积蓄，信用卡上的账单总是负数。她皱着眉问我们，有没有什么增加收入的好方法？

她在一家国企工作，文职岗位，按时按点下班，于是有人说："不如做个兼职呢？”

“做过，去年开了一家网店，现在的消费者好难伺候，还要早起发货，确认物流信息，做了不到一年就让我关了。”

“要不你再考个其他资格证，多点技能傍身总是好的。”

“下班后要买菜准备晚餐，还要做家务。出去逛逛公园，回来看部电影磨磨蹭蹭就到了10点钟，只想赶快钻进被窝。”

“那就跳槽？换一个你兴趣所在的领域，这样工作起来也有动力。”我认真地说。

“现在外面的公司竞争激烈，常常要加班、改方案，万一跳槽后发现自己无法适应新工作怎么办？在现在的单位工作不累，照顾孩子也方便点。”

大家说了半天，也没有一个可实施的办法。她叹了口气：“哎，普通人的生活怎么就这么难啊。算了，就这样吧。”

发现没？我的这位同学属于我们人人身边都有的那样一群人，他们将生活的种种艰难一股脑儿地塞给你，不安、焦虑、烦躁，他们希望从你那里得到切实有效的办法，可是无论你给出什么样的建议，他们都会拿出一个理由反驳你。他们每天都是带着对生活的不满睡去，第二天醒来，却依旧重复着前一天的生活。他们认为这世界对待自己格外刻薄，把闪闪发光的好生活都给了别人。

面对人生，这样的人貌似是谦卑、节制和忍耐的。但其实并不是，谦卑是当你有资本高调时，你选择低调；节制是当你有条件奢侈时，你选择了朴素；忍耐是当你有力量反击时，你选择了退让。

他们只是懒、无知、懦弱，还不想改变。总是在犹豫，在给自己找借口，将痛苦延伸得老长而不去解决，直到身心一次次地被挤压蹂躏。

你永远也叫不醒一个装睡的人，就算你真的把他叫醒了，他还会恨你。正如你永远也救不了一个不自救的人，人家喜欢像烂泥一样摊着，你扶不起来。

不经选择的人生迟早让人心生恐慌。大多数人终生都在梦游，他们从来没有问问自己真正想要的是什么，喜欢干什么，为什么要这样做，而在整日无谓的碌碌无为中迷失了自我。

你并没有忙碌到无暇思考的程度，甚至你可能还没有深度思考的能力。原因就是，大多数人对选择的认识，连皮毛都没达到，何谈掌控自己的命运。

喜欢安逸的生活也无可厚非，只是如果你真的安于平淡，就不该抱怨这样的人生太过乏味，距离曾经的梦想越来越远。

比起刺激和动荡，人更容易被日复一日的冗长平淡打败。那些看似毫无新意的日子机械化地重复，消磨了很多人的斗志。杀死他们的不是一种有形的巨大的困难，而是那种无形的，却时刻都在侵蚀着他们的懒惰。

庸庸碌碌的生活其实没有让人感到半点轻松，每时每刻的担忧和焦虑都感觉很长，长到往往一个恍惚觉得自己熬不过去，每一天都是前一天的简单重复。

懒惰是很奇怪的东西，它使你以为那是安逸，是休息，是福气。但实际上它所给你的是无聊，是倦怠，是消沉。它剥夺你对前途的希望，割断你和别人之间的友情，使你心胸日渐狭窄，对人生也越来越怀疑。

最怕你不甘平凡，却舍不得让自己吃苦。任由怨怼和懦弱将自己裹挟，一边对自己的生活不满，一边又不愿真的去改变。

哪怕某天真的天上掉了个馅饼，也不可能砸中你，就算砸中你，也肯定是个铁饼，分分钟砸哭你。

– 02 –

很多人都有过对于生活感到无力的时候，也质疑过努力到底有没有用。

一次，我参加一个线下活动，当天有几位圈内当红的畅销书作家，行事间所流露的那种行云流水的轻盈让我羡慕不已。

席间，听他们讲起自己这几年从小作者到畅销书作者的经历，讲起对未来的规划，本该是正能量满满的一场聚会，我却意外觉得很丧，觉得他们个个都是超人，自己不管怎么努力，都达不到他们的高度。他们的光芒越是抢眼，越显得我自己灰蒙蒙。

我回家后给好朋友发了一条超长的微信，讲述了今天的聚会和我内心的波动。这姑娘隔了两个小时才回复我：不好意思哈，刚刚去听德语课了，没及时回复你。

我正等着她用“其实你已经很好了”或者“你不需要成为其他人”这种话安慰我的时候，她上来就是一句：“你的新书筹备得怎么样了？”

“努力真的有用吗，我感觉自己永远成为不了他们那样优秀的人。”

“大家都很普通啊，而且你不是没有成长，只是在扎根，扎根的时候看不到成长的痕迹，但总会有破土而出的时候。”

我回想了一下这姑娘近几年的经历。

毕业的时候工作难找，她的求职简历三番五次沉入大海后，搬来与我合租，因为她支付不起原本的房租，又不想跟父母开口要钱。那时候我已经工作，标准的早八晚五的上班族。她每天比我早起一个小时，练习口语，晚上我入睡的时候，她屋里的台灯还亮着。

就这样过了三个月，她找到了一份行政工作。工作后的她依旧保持着早起练习口语和听力的习惯，睡前不完成第二天的工作计划几乎睡不着。

假期的时候，她很少同我一起出去旅行，也并没有宅在家，而是把自己的生活计划得满满当当，健身、听课、学习、寻找更具挑战性的工作。是的，她不满足于整日无所事事、看不到前景的岗位。

两年后，她跳槽到一个德资企业。为了配合团队的需要，每天没日没夜地研究产品图纸，了解产品市场，分析产品特征。

不久后公司由于结构重组，进行了大量裁员，裁员理由很多，比如年纪大、比如业绩差、比如未生育。而这些通通被她免疫。

这几年的加班生涯，把她生生修炼成了公司不可或缺的骨干。

一个貌不惊人的小姑娘，两年之后蜕变成职场女王，真的不是她包包更贵了，鞋跟更高了，而是她明白自己想要什么，用心选择并为此而付出汗水。她没有时间去担心未来，也没有精力去迷茫，她在每一个平常，甚至令人厌烦的当下，付出的分分毫毫的努力都在自动叠加，为她积蓄着能量。

你看，选择本不是一件很难的事情，难的是，并不是谁都舍得对自己下狠手，能为自己的选择付出日复一日的努力，并为之承担一切结果，好的、坏的全盘接受。

如果你的生活里装满了烂尾的事，你不仅会错过很多令你心动的人和风景，还会让你充满自我怀疑。任何惊喜、幸运、收获，无一不是源自日复一日的努力和用心，纵使成功的姿态千万，努力和坚持必定是最给力也最有用的先决条件。

这世界有一双无形的手，在暗处等着你把自己搞砸，然后将你从坑里连根拔起、清零。这双无形的手，就是我们说的命运。

– 03 –

我看过一篇文章，里面提到畅销书作家艾明雅的生活日常：

早上六七点起来散步，上午阅读写稿。下午迅速转换身份做商务，联系工作室业务，接待来访者，有时还要抽空健身两小时。4点半去幼儿园接小朋友，有时候会把跟客户见面直接安排在幼儿园附近。晚上，会点着祖马龙的香氛蜡烛写都市小说。

她的生活里，写作，工作，陪伴孩子，一样都不耽误。

她很忙，却还是会一直约各种朋友见面聊天喝茶，有时候也会断然拒绝邀约：不行，我们家女儿第二天文艺会演，我要飞回去做观众。

这让我想起我朋友圈里的姑娘们，有一半是事业女性。除了少数的情绪不受控矫情伤悲外，大部分晒的都是自己的行程表和工作日常。比如王静在为下一季度的工作计划加班到晚上11点，姜敏穿着8厘米的高跟鞋接待客户，介绍产品信息一整天，高小瑞批改学生的作业到深夜，还要准备第二天讲课的PPT……

这样的生活难吗？难。

累吗？累。

可我相信，当我们开始将生活过得充实而有意义，当我们开始专注于手中的工作时，很多从前莫须有的情绪起伏和那些对未来的迷茫不安，会随即消失得干干净净。

努力很累，是朝目标稳定前进，那种脑子和身体都在高速运转的累。但这样秩序井然的奔波，累不进你的心里。那种一边浑浑噩噩度日，一边见人就表露焦虑的人生，会带来摇摇欲坠的心忧，这种累，才是能拖垮人的累。

每当有小女生留言给我关于成长的问题，比如“感觉自己十分的努力，都赶不上别人用力一分，好丧”，“我同学毕业后都发展得很好，我很自卑”，又或者“根本看不到未来”时，我其实想说，大部分的人，都不是踩着红地毯长大的，你所能感知的一切失落，都是成长为每个人准备的坎。这坎是老天在帮你规划更长远的东西。我不希望你停下来，摊在泥泞的阴沟里。你应该爬起来，一步步往前走，哪怕一路趔趄。

很多时候，不是环境绑架了你，而是你内心的自甘堕落。当你仰望星空，快马加鞭的时候，那些焦虑、不安统统不值得 care，因为你已经走在一片光明的路上。

06 有些错过，不是错了就是过了

不是所有的爱情，都能善终。

你能做的，只是头也不回地帅气离场，即使背对他的你泪流满面、撕心裂肺，也要坚强地走回你的世界，给这段感情画一个好看一点的句号。

-01-

孟孟是我妹妹的室友。上周见到这姑娘的时候，她坐在沙发上，头发乱糟糟的，手里紧握着手机，好像是在等电话，有点紧张，也有点焦虑。

手机铃一响，她猛地接起来，一边讲电话一边手舞足蹈，从情绪激动到歇斯底里，我和妹妹被惊得说不出话来。10分钟后，孟孟把电话摔在地上，号啕大哭起来。

不用猜，她脑门上已然写着两个大字：失恋。

孟孟的男朋友我曾在一次聚会上见过。那天大家在 KTV 唱得尽兴，时间接近凌晨，众人还没有要散场的意思，我便说明天一早还有事，要提前归家。

说话间，有人推门，是两个男人，叼着烟，痞里痞气的，裸露在 T 恤之外的臂膀上有清晰的文身，斜着眼看了一圈房间里的人，招呼也不打，径自走向了孟孟。

孟孟坐在我左侧，只见她透出欣喜的神色，又有点娇羞地说："怎么才来？"高个男孩是她的男朋友，扑通坐在沙发上，向后一靠，略带不耐烦地说："刚刚跟朋友喝酒呢。"

一场姑娘们的聚会，很快变了味道，大家面面相觑，纷纷离场。

回家路上妹妹问我："刚才那个男人，你觉得怎么样？"

我想起当时的场面，烟酒味缭绕，痞气十足，目无他人，连最起码的礼貌也没有，脱口而出："反感。"

妹妹点头："我也是这种感觉，可惜孟孟对他爱得如痴如狂，任凭爸妈和宿舍姐妹怎么劝阻都不听。"

其实这种桥段也不算陌生，哪个姑娘没在爱情里做过傻事呢？

但如今我听到这样的故事，不免无奈，毕竟我已经过了喜欢“坏小子”的年纪了。

妹妹说，孟孟每天醒来就会给男友发消息，既当闹钟又当天气预报，遇见的每一件趣事都会发给他，怕不够生动可爱，还配上各种表情包。而这位被孟孟当成神一样的男朋友呢，回复多以“哈哈”“呵呵”为主，极少主动关心孟孟的近况，更别说与对方分享自己的生活了。男友总是很忙，在旁人看来是敷衍，而孟孟解释说“射手座的男人都很慢热”。

室友们有时候忍不住提醒孟孟：“他作为男生，对你付出的太少了。”孟孟总是洋溢着一脸对爱深信不疑的表情：“他是爱我的，我不怀疑。”看得出来，即便男友送给她在网上淘来的20块的小礼物，孟孟对这段感情仍然充满信心。

也许很多姑娘心中都有一颗当偶像剧女主角的心，总以为能靠着自己的一片真心让浪子回头，于是义无反顾地承担起融化冰山的使命。但其实，浪子回头的结局是演给成年人的爱情童话，故事大多都是骗局，总在偷偷欺骗异想天开的傻姑娘，劝诫她们不如再坚持坚持。

现实打起脸来总是特别响，生活中的浪子太难回头。那些卑微的姑娘依旧在失而复得得而复失的死循环中挣扎，双方相互折磨，却舍不得放手，都在等待着皮筋儿被彻底抻断的那天。

面对感情，男人还是很耿直的。

他表现出不在乎你，就是真的不在乎你。一切不主动、不拒绝、不负责的态度，都不是因为他天生高冷，而是他不想在你身上花费半点心思。

孟孟不能接受分手的结果，她觉得男友只不过是在耍脾气，可能有事瞒着她，也可能出现了第三者。孟孟从一开始的温柔挽回，到后来撕心裂肺地不断纠缠，醉酒后发了疯似的给对方打电话，轰炸式的微信，活像一个泼妇。对方始终不愿意理她，甚至心里还滋生出反感的情绪，电话不接，信息也不再回复。

直到孟孟在男孩朋友的口中得知，男孩经常埋怨她的纠缠，而且早就在追求另一个女生。这时候，孟孟才幡然醒悟，女人说分手是因为想被挽留，而男人说分手，那就是真的不爱了。好像在对方的新生活里，孟孟才是可耻的第三者。

在一段感情当中，什么时候会觉得自己是那个局外人？

不是你喜欢的那个人名花有主，也不是你夹杂在别人的情感中，骤然沦陷却无法自拔。而是你恍然发现，你竟成了一段关系中被排斥的对象。在这个一对一的模式里，已经没有了你的位置。

你在一条暗黑的小路里摸索，拼命地想接收到对方的信号，可挥痛了手臂也触碰不到对方的手，既不甘心，又无能为力。当你遍体鳞伤、歇斯底里的时候才在猛然中觉醒，他一直背向着你，对别人微笑。

无论你们曾经多么相爱，可此时此刻，你发觉从今以后，你拼了命宁愿头破血流地想要进入他的世界，却怎么也进不去了。他目光转移到别人身上的那一瞬，他人生的大门就在你面前轰然关闭了。

爱情这东西有时候不讲道理。先爱的人不一定能爱到最后，后爱的人不一定是多余的人。在这场一对一的关系里，不被爱的那个人，才是第三者。

- 02 -

无论是男友很渣还是他不爱你，都是女人不愿相信，又或许是不能接受的。用曾经他对你的好不断地安慰自己“他其实还是爱我的”，不断地纠缠对方。用过去的回忆作为敲门砖，直到男人真的撕破脸皮，才真的知道他一开始说的不爱是真的，在假装骗自己的这段日子里，没了爱情，又失去自尊。

想你这件事特别简单，要么是翻山越岭来见你，要么是主动联系。

一个人是否在乎你，从彼此对上的眼神、嘴角的弧度、说过的话做过的事就能感受到，所以不用为不值得的人找借口，觉得对方忽略你可能是性格原因，没时间或者忘记了。你努力欺骗自己的样子真的又孤独，又让人心疼。

男人不爱你的时候，心是硬的，坚不可摧。是你无论作出怎样的反应，他都不会有任何的感觉，他的心里只想着离开二字，你做得再多都是徒劳无功。是你无论从世界的任何地方迁移，你的心和脚步都追随着他的步伐，他都会当你是累赘，觉得你只是可有可无的尾巴。是你爱上了他，也爱上了他爱的东西，你逼迫自己去适应他，可他最后却当你是空气，你期待他多看你一眼，可他连头都懒得抬。是你的优点、你的眼泪、你的可爱都毫无意义。

其实，在这个男人说分开会被当成渣男的年代，你有没有想过，有时候他们说分开，说已经不再爱了，不是因为渣，仅仅是因为不爱而已。

现实里大多不存在“在错的时间遇到对的人”的情况，错了就是错了，永远不要妄想通过等待和忍让去改变一个不爱你的男人。

年轻可以试错，非要撞了南墙头破血流，才知道什么样的创伤药最好，什么样的人不能爱。也会知道该如何绕开那些弯路，如何不让自己受伤。

可是人生不允许你一错再错，如果可以，在面对爱情的时候，适当理性一些，年轻不是放纵的借口，有些得不到回应的爱，有些消耗磨损你身心的感情，有些对你来说不适合的人，离开要趁早。

要让自己被关系滋养，而不是被消耗。经历了一场有意义的爱情，其结果不论分合，不论好坏，都会让你好像读了四年“985”学校那样受益终身。

相互“残杀”的恋爱，即使是在很多年后想起，也会让人毫无眷恋，甚至在心里泛起一阵恶心。

不是所有的爱情，都能善终。

你能做的，只是头也不回地帅气离场，即使背对他的你泪流满面、撕心裂肺，也要坚强地走回你的世界，给这段感情画一个好看一点的句号。

07 你是过得苦还是太爱诉苦

不反对你和他人倾诉，而是要学会适度。即便是树洞也会有疲倦的时候，有时候，树洞也想听点好消息和笑话解解闷。

—01—

晚上8点，我拎着电脑包从市图书馆走出来，一边走路一边歪歪头缓解僵硬的颈部。

电话响了，是CC。

“峰子把我拉黑了。”CC带着哭腔说。别误会，峰子不是CC的男朋友，我们几个是一起长大的朋友。

“峰子在跟你开玩笑呢吧，别在意啊，回头我说说他。”我并不相信峰子会真的拉黑 CC。

CC 把嗓音抬高了一个八度，“才不是开玩笑，我昨天给他发微信，发现消息被拒收了，打电话也不通。”

我安慰了 CC 几句，便挂了她的电话，打给峰子。

峰子说，CC 在新公司被几个同事排挤，工作进展得不太顺利，心情不好找他倾诉。这本来没什么，谁没有当过好朋友的垃圾桶呢。但 CC 几乎每天都要找峰子聊天，一聊就是两个钟头，一点小事来来回回重复。总结下来就是这几点：“有烦心事、周围人很讨厌、人生不公平、觉得自己一无是处……”峰子说 CC 的话他都快背下来了。

“那你就跟 CC 直说呗，你把她拉黑，她以为10年友谊的小船就这样翻了，吓得找我哭诉呢。”

“我说了自己最近加班，过几天还要出外景拍摄。可 CC 貌似完全屏蔽掉了我的话，微信一连十几条，回复慢了就直接打电话过来。”

“要不你先把她拉回来吧。”

“过几天吧，我最近实在是太忙了，再天天听她的负能量，真是受不住了。”

因为我要赶公交车，便回电话给 CC 说：“峰子这几天出门了，等他回来再说吧。我要坐公交车了，先挂了哦。”

CC 一下子大哭了起来，“你们是不是都不想理我了？”

“怎么会呢，当然没有。”

“你们是我最好的朋友，除了你们，我还能跟谁说呢。”

“你先不要哭，我只是……”

就在说话间，我错过了回家的末班车。我停下脚步，看着车子消失在夜色里。我发誓自己并没有想不理 CC，可是此刻，我却不知道该说什么。

诉苦是种危险行为，每一次诉苦，你的形象都有可能不小心被别人记下大过，难以超生。

我们渐渐长大，每天面临的事情铺天盖地，时间不同步，距离不接近，面对的事情性质不一样，妄图维持“你难过，我随时在”的友谊，是违背成年友谊规则的。

我看过这样一段话：大概每个人的生活中都有几个这样的朋友吧，心眼不坏，但是定居在低气压里，其实没有遭遇多大的不幸，但是长期保持着不开心，他们能从各种小事里品读出这个世界对自己的恶意。我们曾很努力地想让他们开心起来，可每次掏心掏肺的安慰都像是一支药效很短的镇静剂。久而久之，很努力想让他们高兴起来的我们感到疲倦了，他们感觉不到我们的疲倦，视之为友情的疏远。

不反对你和他人倾诉，而是要学会适度。即便是树洞也会有疲倦的时候，有时候，树洞也想听点好消息和笑话解解闷。

- 02 -

我在高考结束那年的夏天去一个西餐厅打工。

当时和我一样假期来做兼职的女生有好几个，大琳就是其中一个。在我连她名字还没记住的时候，她就向我倾诉自己感情和学业的不顺。比如担心自己不能和男朋友上同一所大学，异地恋的话怕男朋友会分心，比如自己在选报专业问题上和父母的意见有分歧，又比如店里给员工的休息时间太短，休息室又拥挤，等等。

西餐厅在商圈中心，一整天客人都非常多。我常常是脑子里计算着价格，手上帮顾客配餐，嘴上还要时不时回应大琳几句。我在安慰人这件事上没有天赋，每次只会像老好人一样打着圆场："别想那么多了……你父母肯定是为你好……恋人之间要多沟通……"有一次，因为分心算错了价格，被值班经理批评了半个小时。

我觉得自己在大琳面前好像一台呆板的复读机，连我自己都讨厌。不过是做兼职认识几天，我不了解她这个人，更不了解她的生活环境，真心觉得自己招架不住她一股脑儿倒过来的诉苦。

诉苦切忌交浅言深，如果人家跟你还没达到那样的交情，你的一腔热情只会给别人平添尴尬。人和人的关系，如果超过了分寸，就叫添麻烦。

同样是面对生活中的不顺意，和江小姐沟通起来似乎更容易一些。

作为高级家装设计师的江小姐，有着同样事业有成的老公、乖巧的孩子，家务由保姆打理。这个让朋友们既羡慕又嫉妒的女人，却遭遇了她人生的第一次滑铁卢。

在一次业内大型的家装设计比赛中，江小姐的助理不慎遗失了她准备参赛的设计稿，以至于她错失了拿得名次的机会。更有人从中作梗，在上级面前谗言是江小姐和对手公司有不正当合作，才故意丢掉设计稿。上级停了江小姐手头负责的工作，美其名曰让她回家休假。

江小姐感到委屈无奈，却也知道辩解无力。后来从几个关系牢靠的同事那里得知，江小姐才刚刚离开，助理就顶替了她的位置。

江小姐这才明白过来，提交了辞职信。

恰逢那段时间江小姐的老公事业顺风顺水，如日中天，应酬自然多了起来，根本无暇照顾她的情绪。婆婆对于在家“休假”的她也是颇有微词。

我们几个朋友原本还做好了听她诉苦、吐槽的准备。谁知几次小聚，江小姐一如往常地谈笑风生，淡定自若，工作和生活的事也只是简单说说，没有一句抱怨，更没有要大吐苦水的意思。

她调整自己的心态，正好有了充足的时间可以用在烘焙、读书和照顾孩子上。因为多年练习瑜伽，常去的那家健身会馆请她去兼职当瑜伽老师。并且她打算和朋友一起成立一家小公司，还是自己的老本行，家装设计。

江小姐没有从人见人爱的玫瑰，变成避之不及的仙人掌，依旧妖娆美丽。不仅人看起来变得光芒四射，连钞票也大把大把地多了起来。

想想谁不曾被命运辜负过、被他人欺负过。遇到困难可以倾诉，寻求帮助，但不可长时间地停留在诉苦的阶段。一个人的心要足够深，才能埋得下一些事。

我越来越欣赏那些不爱诉苦的人，他们才是最勇敢的战士。当不如意袭来，他们不会将自己浸泡在沮丧和顾影自怜中，而是提枪上马，与之厮杀。不诉苦并非自我压抑，而是看透了人生，有一种不徒劳挣扎的智慧。

生活没有下集预告，没有人知道下一秒会发生什么，你决定不了事情的发展，但你可以决定自己的心情与处事方式。只有你心态平和，坦然面对生活中坑坑洼洼的小插曲，把它们一点点填平夯实，不让焦躁成为控制大脑的主人，才有可能将命运的低谷扭转。

所谓的成熟，是你要学会利用自愈力和辨别力去面对这个世界。不喜诉苦的人，最懂得体面地跟过去告别。

– 03 –

如今，安慰这件事变得越来越乏善可陈了，好像再没有什么新鲜的词汇能让人眼前一亮，就像“你已经做得很好了”“加油哦”“不要不高兴”一样索然无味 。

明明你心里明镜似的，知道没有商城售卖改善情绪困顿的良药，却还渴望找到像路边贴的小广告里说的那样，无痛梦幻，快速治愈悲伤的妙招。就算是你跑到微博、知乎上寻求鸡汤博主，道听途说来所谓的人生真相，就真的能治好你的情绪病吗？

不悲伤的方法？不存在的。

其实你想想，跟自己相处了这么多年，想必自己的父母都没有你了解自己吧。与其逢人就诉苦，不如去掌握取悦自己、改变现状的方式，找到适合自己的那块方糖，觉得苦的时候就给自己加一颗。比如遭遇不公时，买一条漂亮的裙子安慰自己，明天继续迎难而上；比如在做某件事觉得辛苦的时候，去吃顿好的给自己增添力气，再去体验跑步流汗的快感。

生活的担子从来都是一样重，你觉得轻松时，不过是多了个人替你扛，当一个选择离开，剩下的那个还得继续扛，而且还要扛住。所以，那个人来了或是没来，或是来过又走了，都没区别，你永远要时刻做好一个人扛着的准备。

人得学会给自己找乐子，这种乐子只能自己找，别人找起来太麻烦，还可能找错。

村上春树有一段非常经典的话——你要做一个不动声色的大人了。不准情绪化，不准偷偷想念，不准回头看。去过自己另外的生活。你要听话，不是所有的鱼都会生活在同一片海里。

不管你是真的过得苦，还是太爱诉苦。面对再难挨的境地，我们先要学会自我疏解，而不是期待别人为你付出，更不是把筹码放在那些同情和劝慰上。

不要把自己最脆弱和不堪的一面暴露在外，因为那时自我的防御能力最低。你这一路斩妖除魔，坚强这一装备少不了，这就是世界教会我们的，虽无奈却能让你真正地成长。

08 一个人的自律来自他的自尊

唯有一个自律的人，才能厘清生活中的细枝末节，让其各安其位，稳当妥帖，串联起井然有序又自在轻盈的人生。

–01–

每年冬天，都会找时间和朋友一起去三亚度假。有时是几天，有时是一周，说是度假，其实每天差不多就是无所事事。每天昏昏沉沉睡到中午才醒，翻一会儿手机，跟朋友聊几句八卦，然后爬起来填饱肚子。下午我们坐游艇在海上航行，天空蓝得格外清澈，远处的海和天连接在一起。

溜达，闲逛，看人，看海。小岛上有高耸的椰子树和各种唤不上名字的灌木丛，阳光炽热，空气里夹着阵阵热浪，袭击在每个人身上。姑娘们往身上涂防晒霜，有人躲在屋子里享受空调、Wi-Fi、西瓜，也有人拿出了笔记本电脑。

有朋友叫他一起下海游泳。他嘴上应着“你们先去，我一会儿就到”，手指却在键盘上一刻都没有停。

我走过去轻声问：“有事吗，要不要帮忙？”

“也没什么，我要把今天写好的稿子整理好传过去，不然编辑那边要等急了。”

“你没有跟他们说你在度假吗？”

“没有，而且我不习惯整天无所事事，只有每天完成当日写稿量，我心里才踏实，才能心无顾忌地放松，不然总觉得心里沉沉的，玩不痛快。”说完，他不好意思地挠挠头。

他对自己的管理能力让我吃惊。反观我自己，没写完的稿件，没做完的工作，没有看完的书，没有背牢的单词……简直无地自容。

的确，我们没有完成的那些事，并不如我们放弃的那么轻松。我们在开小差的时候，也并非心无旁骛地玩耍，心好像被悬着。

从来就没有什么懒洋洋的自由，真正内心向往的自由是通过勤奋和努力实现的，那样的自由才是珍贵的、有价值的。也从来没有天上掉馅饼的灵感和坐等的成就。做一个自由又自律的人，坚守势必实现的决心认真地活着。

自制力强的人，永远分得清楚主次，拎得清什么是本职，什么是玩乐。自我放纵带来的负罪感，让我们无法真正享受生活的乐趣。

- 02 -

这位朋友的事，让我想到在报刊上，看到过小说家严歌苓在采访中被问到作品高产的原因。

严歌苓坦言自己每天坚持写作2个小时。哪怕是同家人和朋友出去旅行，也会写作。因为旅行带着电脑，常常需要找能坐下的地方写字。在做出行计划的时候，别人关心景区是否有看头，而她关心的则是路程会不会过远而影响到自己今天写作。

朋友打趣问她：不写会死吗？她苦笑说：不写会死。

她说了解她的朋友，慢慢地不再约她一起旅行，约她去旅行的，必然接受旅途中也带着写作欲望的她。

严歌苓坦言，对于自己来说，写作是发自内心的一种欲望，不写的话，就好比一天里缺了一顿饭或一个觉。除了从不间断地每天坚持写作，她还保持着健身的习惯，比如跑步和游泳。

这样便不难理解，年过50岁的她依旧身材窈窕，面庞清秀，并保有旺盛的创作力。

社会的残忍有很多面，其中最让人脊背发凉的，就是那些比你优秀的人，还比你更努力。

对于成功者来说，自律已经融入了血液和骨骼，成为身体和灵魂的一部分。他们在自律中超越自我、慢慢成就自我。他们的自律不是被迫的，他们在自律中找到乐趣和意义，自律是他们的内在驱动力。

自律，也是一种自珍，你用珍爱自己的力量塑造出的品德，像一件艺术品般散发出迷人的光芒，沉默无语也会被别人奉若珍宝。

- 03 -

自律并不是什么新鲜词，说白了就是能够自觉控制自己的行为和情绪，集中注意力去达成自己原本的目标，而不受其他事情的干扰。

对于大多数的人来说，说起来容易，做起来真是太难了。论文通常都是在 deadline 来临时，匆匆忙忙熬几个晚上才拼凑完成的。在这之前，是逍遥地看剧打游戏，约会逛街。

想起大学时，每逢期末就兵荒马乱。都是直到真正考试的前几天，才开始紧赶慢赶地复习。将原本充裕的时间，洋洋洒洒地浪费在无数件没意义的事情上，才不得不起早贪黑临时抱佛脚。

可是也有人，要求自己从不旷课早退，轻松修满学分。每天两三个小时的自习时间，让他们有足够的复习资料应对考试。这便是自律带给他们的自由，平日里不拖沓和律己的品质，会为自己节省下大把的时间。

微博上有段很火的话：你可以追剧追一晚，只要你可以按时交上论文。你可以有丰富的夜生活，只要第二天你还能精神饱满地做好本职工作。放纵究竟是不是错，取决于你能不能为你的放纵负责。还是那句话，没有自制力的人不足以谈人生。

微博底下留言的人，无一不在哀号：膝盖中箭。

没有自制力的人，总是觉得时间还有，偶尔开个小差做点别的并不影响大局，直到期限逼近时才乱了阵脚，才意识到自己过高地估计了自己 hold 住场面的能力。

你看，若是在该出力的环节，你携带着懒惰落荒而逃，日后一定有加倍的苦头，让你补上。

春天偷的懒，秋天很难还上。当你没有把时间利用好，时间便会惩罚你。当你提前透支了过多的安逸与享乐，最后追逐而来的、加量的焦虑与崩溃，便是你应得的报偿了。

- 04 -

这样的经历你有吗？

为减肥下载的运动App，你从来没有打开过。为英语考试买的词典，翻了几页后便被你闲置。你银行卡上的余额已经寒酸得可怜，却用大把的时间追剧。你也想健身、阅读，做个灵魂有香气的人，偏偏窝在沙发上刷刷微博八卦感觉更轻松。

是啊，年轻的时候，我们舍不得让自己受苦。总以为来日方长，现在偷个懒也没什么。

可是慢慢地，你觉得每个人都比你幸运，只有自己最倒霉，你发现混沌和丧气成了自己生活的常态，始终不见好转，你对命运充满怨怼，嚷嚷着它欺负了你，把温柔相待都给了别人。

在你的工作量一拖再拖，心里还安慰自己“反正工作永远也做不完，明天再说喽”的时候，有人在积极寻找创意灵感；在你聊天八卦购物绝不错过的时候，有人在为明天的会议认真准备着 PPT；在你下班后无用的聚餐也是场场不能落下的时候，有人一边健身一边思考销售群体的需求……

你羡慕身边比你优秀、比你有钱、比你厉害的人，觉得他们总是随随便便就拥有你想要的东西？其实，你羡慕的生活背后，可能有你吃不了的苦。

可怜之人必有可恨之处，一事无成的人，必然有一个不自律不自省的人生旅程。

– 05 –

我们从前说，当学生真好，有人催促着你快点往前赶，一个阶段过去了，下个阶段接上来，像沿着铁路走，不怕迷路，还有准确的列车时间表。

成年了以后，才明白真的一切靠自觉。要不断给自己定下目标，不能太低，否则无聊，不能太高，不然活得会很丧。在踌躇满志和自我否定中摇摇摆摆，到处都是悬崖，稍不注意就往下坡溜。动不动就感叹时间太快，机遇的车四处嗖嗖乱开，搞不好就一辆都没赶上。

山本耀司说过这样一段话：我从来不相信什么懒洋洋的自由，我向往的自由是通过勤奋和努力实现的更广阔的人生，那样的自由才是珍贵的、有价值的；我相信一万小时定律，我从来不相信天上掉馅饼的灵感和坐等的成就。做一个自由又自律的人，坚守势必实现的决心认真地活着。所谓自由，不是随心所欲，而是自我主宰。

在向乐观、自律、成功这些可以让你上升的东西缴械投降后，人生的复杂程度大大地增加，远超你的心理承受能力，所以人才茫然、恐慌。

在纷扰的世间，我们会面临很多诱惑，生活中也有很多事情要处理。如果缺乏定力和远见，不懂得约束自己，生活的方向就很容易失控，以致随波逐流，迷失自己，成为受外在牵制的奴隶。

我知道，这一路你总要面对迷茫和丧气、诱惑和牢笼、荆棘和野兽。但我希望你能记得，自律是你最好的武器，杀妖斩魔，开山辟路。不让自己放纵生活，坚持一些让自己越来越好的习惯。

你只管好好管理自己，剩下的交给时间。它会淘汰那些对你无限制宽容的人，这是最公平的。总有一天，你日积月累的力量，会带给你他人望尘莫及的光环。

人生呀，总该是先苦后甜的。倘若一下子把生活的蜜罐打翻，倾倒在黏腻的甜蜜里，那等待我们的，必定是甜味尽散后，难以承受的酸涩苦楚。

唯有一个自律的人，才能厘清生活中的细枝末节，让其各安其位，稳当妥帖，串联起井然有序又自在轻盈的人生。

盲目努力是最懒惰的勤奋，

自我设限是进阶路上最大的障碍，

也许这世上真的有天才，

但那绝不是你成为不了高手的借口。

09 你以为别人天生好命，其实那是选择的结果

命的好坏，可能由不得我们决定，但运的好坏，却是我们可以掌控的。所以，但凡能活得让人嫉妒，就别活得让人同情。但凡能活得勇敢，就别活得懦弱。

– 01 –

木夕坐在我的对面，围绕着男朋友被闺密抢了的话题，断断续续哭诉了一个多钟头，直到面前的菜彻底凉了，直到服务员第 N 次投来异样的目光，我张口打断她："最近店里忙吗？"

"你说什么？"木夕似乎有点蒙，泪珠颤巍巍地挂在睫毛上。她不明白我为什么在听了她的情感大戏后，问了一句不相关的话。

"最近店里经营还好吗？"我重复了一遍，顺势给她递过纸巾。

“不太好，店面合同到期了，不得不另找门店，看了几家价钱又都谈不妥。你说我的男朋友为什么……”

“要不要我帮你问问朋友，附近商圈哪家门店正在出兑？”

“好吧。”木夕夹起菜，还没送到嘴边就又放下了。

我并非不同情木夕的爱情遭遇，也不是厌烦了木夕的哭诉。只是在和木夕见面前，我就听说了她服装店门店合同的问题，本以为这次见面，她是想找我聊天排遣最近不顺的心情，没想到和失业比起来，失恋更让她忧心伤神。

人生不如意十之八九，沮丧和失意有时是人生常态，却总有人为此而垂头丧气。

伤口是很疼，但你不停地揭伤疤，它就能好吗？

二十几岁的你该担心的是失业，而不是失恋。

我并非女权主义者，但我坚信，女人自强自立，放诸四海而皆准。失业比失恋更应该引起你的重视，但凡自食其力，收入不论多多少少，总归是自己的劳动收获，它带给你的踏实，远比一个劈腿的男友更让你安心。若想活得有底气，有独立赚钱的能力才是重要的。

不要在该动脑子的时候动感情，不要把该用来脱贫的精力浪费在脱

单上。你要把时间和精力放在让自己变富有、变好看、变强大上。难道你还没发现吗？你穷的时候，破事逆流成河；你弱的时候，坏人到处都有。

– 02 –

大王前不久刚换了一份新工作，周末姐妹们聚会时，我问她在新公司怎么样。

“每天都忙得精疲力竭，但很充实。进大公司有利也有弊，牛人真的太多了，瞬间感觉自己被秒成渣了。我在微博上学习穿衣搭配，还报了一个外教英语课程，每天晚上2小时口语训练。”

我没有在大王的话里听到一丁点的抱怨，反而是兴奋。

“女孩子家家的，别太拼命了。”有人插了一句。

大王听后连连摇头，给我们讲了她们公司近期招聘的一件事。

公司设计部上周有一次大规模的招聘，大王所在的部门和设计部合作很多，所以一起参与了面试。像大王这种小角色自然是在领导旁边帮忙整理简历。

设计部总监朱蒂虽然不是大王的直属上司，但用大王的话形容，朱蒂是个很酷的女人，她脸上的神采和自身所带的气场并不会让别人讨厌，反而会产生敬畏。

一周下来，设计部并没有如愿招录到满意的新人。有人问朱蒂是不是把标准定得过高，毕竟大学生刚刚离开校园，个个都是小透明。

朱蒂严肃地说："我并不觉得对面试新人定的要求过高。他们除了大学毕业证和几个人人都会有的证书外，似乎并没有其他可以脱颖而出的优势吧。"

办公室在朱蒂的话音落后，变得异常安静。

朱蒂接着说："现在很多年轻人平时都在干什么，会的东西太少了。"

这话重重地敲在了大王的心上，她努力在想自己有什么优势呢，想想后怯怯地低下了头。

后来，在设计部门同事聊天的时候才得知，朱蒂并非只对下属严苛的女魔头。朱蒂在读书时凭借优异的成绩申请了去英国读书的机会，在留学期间，她学习绘画和小提琴。她代表过学校参加英语演讲比赛，还开过个人画展。

你看，朱蒂在二十几岁的时候，已经拥有了除了毕业证以外更多的东西。她在人生最好的时光里，拼命为自己升值，而大部分人的价值就只能停留在学校里。

进入职场后，朱蒂比大多数人更快度过战战兢兢的职场菜鸟期。短短2年，已经拥有自己的独立办公室，出差坐商务舱，一年换几只新款包包或出国旅游几次都没有问题。大王听同事说，朱蒂在下班后会路过便利店买新鲜蔬菜沙拉，每天固定1小时的健身时间，学习英语或者进修其他课程。不论多疲惫，睡前的卸妆护肤程序也绝不会含糊。

如今，大部分单身男人回家可能澡都不洗，打一局游戏后倒头就睡，可大部分单身女性基本上都要忍着疲惫去修身、立业。朱蒂就是这样的女性。

都市女性在职场想要占有一席之地，从来都像是一部血泪史，既要人美嘴甜，又要能力出众。谁不是一边强忍着泪水，一边熬夜把PPT做完？

“职”是日常的朝九晚五，打卡签到，工资奖金。“业”却是一种无声无形的力量，让人心甘情愿在努力者的面前深深弯下腰去。以职求生，以业立世。

二十几岁了，你都没有一样能拿得出手的东西，仅仅凭一张中规中矩的简历和几张鸡肋一样的证书，你凭什么觉得你的老板会录用你？

人生没有什么事情是给别人做的。工作不是为了老板，是为了自己长本事赚钱。所有的一切都是你自己的选择，所有的荣耀和耻辱、成长和眼泪都该由自己来承担。

到了社会以后，你就会发现，那些曾自以为是的“我可以”都毫不留情地变成了“你不行”。

– 03 –

20岁出头的你现在在干什么？随便糊弄完老板交代的工作，便开始追剧打游戏；因为一份不稳定的感情关系每天矫情哀怨；还是平平常常当一个及格的大学生？

太多的人抱怨“挣得没有花得多”，也有太多的人不满“社会对年轻人的过于苛刻”，可是少有人愿意静下心来踏踏实实为自己一点点储备能量。

在这个贴满了价格标签的社会里举步维艰我不否认，但当我们面临多重选择的时候，二十几岁的我们，看起来简直弱爆了。我们没有权利为自己选择更好的路，只能等着别人来对自己挑挑拣拣。

什么是拿得出手的东西？我想那应该不仅仅是善良、坚强、勇敢这种人性品质。它更应该是一种只属于你的、无价的内在能力，是你在成长的每一天里，不断为自己修炼出的特长，它让你和别人不一样，它让你引以为豪。

你越浮躁讨巧越想得到，就距离目标越远；你默默振作一声不吭，惊喜就会悄然而至。所以，别去想天上掉馅饼，也别去看别人，我们的幸福在最大限度之上都取决于我们自己本身的选择和努力。

选择比努力重要，可惜很多人一辈子都不作像样的选择。很多人习惯了被选择，都忘记了自己有选择的权利，也失去了选择的能力与意愿，变成了某个机器上的一个个大小不同的零件。一旦环境有变，这样的人就茫然失措。

未来也好，远方也罢。人生最重要的事，不是幻想着有个王子骑着白马来拯救你，或者一个冰雪聪明的公主来安抚你的心，而是拥有一样你可以拿得出手的东西，才不会看起来一无所有。

这一路，出彩还是出局，你得自己选。

10 成年人的生活是1000次崩溃，1001次挺住

最酷的人生从来不是一帆风顺，而是穿越惊涛骇浪，在痛哭流涕后，抹干泪水，对命运说："你厉害，但我也不是好欺负的！再来，我们三局两胜！"

– 01 –

关于眼泪拌饭的经历，我相信很多人都有过。

之前看到过这样一条微博：也许只有一个人出门在外，才能体会到那种在地铁里眼泪止都止不住的委屈，也根本顾不上周围人像看神经病一样的目光。微博附了一个短视频，一个日本男人在地铁上，一边吃着便当一边咧着嘴哭，车里响起广播，人来人往，生活

一如往常。到站时，男人把眼泪一抹，拎起公文包下了车。微博中有人评论：能边哭边吃饭的人，是可以活下去的。

这条微博下有上万条评论，我翻了几页，看到了许多有着类似经历的人，这让我想起了邦妮学姐。

邦妮学姐只年长我一岁，处事沉稳。刚刚进社团的时候，她负责带我实习。当我俨然一副小学妹样子，时常叽叽喳喳的时候，她已经能对很多突如其来的不如意，安然待之。

期末社团聚餐，大家像往常一样吃吃喝喝，把酒言欢。热闹过了后，我同邦妮学姐一起准备坐公交车回学校。

我记得那是一个晚风温柔的晚上，在等车的间隙，邦妮学姐突然说了一句：“我和男朋友分手了。”

“啊？什么时候的事啊？”我惊得噎了一口奶茶。

“就下午的时候，我们出来吃饭前几小时。”

“那今天的聚餐你还来参加……”

邦妮学姐笑笑，“聚餐是一周前大家就约好了的，我的事情是突发情况。”

“哦，换作是我，估计只能是趴在寝室哭上几个小时了。”我怯怯地说。

邦妮学姐叹了口气："哭没有用，撒泼打滚也没有用，该继续的还是要继续。"

如今想想，那年她也只是一个二十出头的小姑娘，是信仰爱情大过天的年纪。面对爱情突然的分崩离析，她心里一定有一场海啸，可她就那么静静地承受着，不想让任何人知道。甚至在聚餐时，一如往常融入嬉闹里，没有半点违和。

失恋期的她，没有课的时候会拉着我去吃小龙虾，或是参加很多社团活动，我原本还小心翼翼避免提起她前男友，反倒是她慢慢变得轻松开朗。按时按点吃饭，睡前敷面膜，出门前化妆，生活里的每一个小程序她都没有因情绪低落而省略。

邦妮学姐的失恋疗愈期看似很容易就度过了，若是同样的遭遇，大部分的小女生定是心碎一地，瘫在泥沼里动弹不得。

或许邦妮学姐会在无人的地方落泪，在心里一片片割舍自己付出过的深情。哭是每个人的权利，但她知道会接纳自己的每一段经历、每一次脆弱。她没有忘记疼爱自己，就算是哭，也会好好生活。

纵使被重击，被无常捉弄，纵使心有芥蒂，疗伤未愈，也不要用悲伤糟蹋自己，用多余的情绪耽搁了真实的人生。

- 02 -

我们毕业那年，妍妍考研意外落榜。偏偏学校结果又公布得晚，毕业季招聘基本接近尾声，想找到一份不错的工作可以说是难上加难。妍妍每天早起整理面试材料，校园招聘、网上招聘和公考。但凡有一点机会，妍妍都不想错过。可是半个月过去，一份 offer 也没有收到。

妍妍难免泄气，打电话对父亲说："我太难过了，我从来没像现在这样感觉自己特别没用。我想回家，我好想哭。"电话那头的父亲说："别哭，哭能解决什么问题，坚持坚持就过去了，每个人都要经历这个阶段。"妍妍紧咬着嘴唇，硬生生地把眼泪憋了回去。我想，那滋味除了她自己，没有人能感同身受。

一个月后，妍妍工作的事落定。岗位、薪水都算得上称心，也在公司附近顺利租到了房子。为庆祝顺利入职，我们在一起涮火锅。提起这事时，她说："本来以为找到工作会非常开心，但我真的没有。或许是之前那段时间太沮丧太想哭的时候，忍住了。所以现在觉得连值得开心的事也打了折。其实我知道没有什么是不能过去的，我知道这一切终将过去，而且我不会放任自己消沉太久。只是在当下的那一刻，我不想要那么多的鸡汤和狗血来激励自己，我真的只想难过一会儿而已。”

妍妍把筷头上的肉蘸上酱汁，大口塞进嘴里，香嫩麻辣。可我们总觉得，怎么吃都少那么一点痛快的滋味。

明明越是长大心里的苦越多，但为什么越是长大，内心的痛苦却越不允许被释放呢？难过是没有比较级的，谁能肯定小时候丢失心爱玩具的伤心一定大于长大后面试失败的伤心。

每一个我们觉得想要失声大哭的时刻，后来再回头看，感觉当时真是矫情得要命。可在那个当下，它就是天降阴霾，就是狂风骤雨，就是突兀、凶猛的深海炸弹一枚，投进你心里，轰隆作响，逼得你节节败退。好像只能用看似幼稚软弱的方式释放不可。

可是，人就是在这样渐渐抗衡自身负面情绪的过程中，逼迫着自己变成一个不太容易难过，或者说，根本不敢难过的人。

既害怕因表露真实而受伤，又因别人不能看透你真实的情绪而失落懊丧。正是这两种相互矛盾的心态，一点点将我们变成了那个学会了掩藏真实的情绪，也很难再快乐起来的假面人。

- 03 -

没人是铜墙铁壁、无坚不摧。绝望的时候，会难过，会崩溃，会一蹶不振，都是再正常不过的事。生活里如果没有情绪地活着，真的就像一副行尸走肉。

所以，很多时候你想难过一会儿，也可以。

忘记之前在哪里看过一个故事，也记不太清，大意是说一个姑娘因为工作的事被老板批评，还有一堆的报表等着她去处理，她低着头从办公室走出来的时候收到男朋友的短信，对方说是有了新欢，考虑了好久还是打算向她摊牌。姑娘的眼泪瞬间就涌了出来，在异地独自打拼，唯一可以相互取暖的人也离开了自己。她拿出手机准备拨通男朋友的电话，这时上司的电话打了进来，严肃地命令她：十五分钟后出去和客户谈合同。谈不成就走人。

她的脑子一下子炸了，跌跌撞撞地逃进了洗手间，反锁上门的那一刻“哇”地一声就哭了出来。她看了看手表，告诉自己：只有10分钟可以拿来哭。难过完了，该干什么继续去干什么。15分钟以后，姑娘的眼睛还是红红的，但是头发已经梳得整齐，且涂好了口红，准备出门去跟客户见面签合同。

没有伤心的时间，你总不能告诉电话那头的客户："我心情不好，被负心男甩了，要哭到明天。"虽然你真的想过这么做。

15分钟之前，她是个受伤的小白兔。而现在，她的生活要继续运转。

学姐姣姣在结束两年婚姻的时候，在深夜发过一条朋友圈。文字里透着心如死灰，配图呢，是她红肿的双眼，眼泪还没流干，手边是几罐啤酒。

第二天早上再翻朋友圈，那条丧值爆表的状态已经被她删掉了。可能是凌晨啤酒喝完时删掉的，可能是早晨醒来上班路上删掉的。不过这些都不重要，重要的是她在一夜悲伤过后，开始了新的一天。

很多人都说，成长是把哭声调成静音的过程，可我觉得成长是一个把难过缩短的过程。毕竟人并不是因强大而刀枪不入，相反，人往往是因强大而敢于脆弱。

- 04 -

有人说，现代人的崩溃是一种默不作声的崩溃。

看起来很正常，会说笑、会打闹、会社交，表面平静，实际上心里的糟心事已经积累到一定程度了。不会摔门砸东西，不会流眼泪或歇斯底里，但可能某一秒突然就积累到极致了，也不说话，也不真的崩溃，也不太想活，也不敢去死。

成年人的世界，哪有谁是容易的。苦难是人生的必经之路。这一世，谁不得糟几次心、挨几回怼？比如考研失败、求职无果、工作上替别人背了黑锅、一个人深夜顶着高烧去医院打吊瓶、相恋多年的人说不爱就不爱了……太多黑暗时刻，泥石流一般扑过来，让你满心苦涩。

可是，我们是大人了，怎么能在人前失声哭泣。但我们可以撑到夜深人静，人群退去。关上门，一个人躺在床上，任由脆弱感排山倒海袭来，泪水奔涌而出。

那一刻，别去管什么正能量，别去理高情商，你就一个人，好好地认个尿。没关系的，真的。如果不学会直面悲痛，就会像深吸了一口气，然后余生来憋着那口气。

第二天天亮之后呢，枕头上的泪痕已经风干，闷在被子里的哭声也已消散。你起床洗漱、穿衣、化妆。

不需要让别人知道你绝望过、投降过、被难过撕扯过。风吹起你大衣的衣角，高跟鞋嗒嗒作响。昨晚歇斯底里的是你，此刻坚定从容的也是你。这样的你，真好看；这样的你，值得敬佩。

夜再黑、人再丧都没什么，能迅速调整姿态的人都是人生赢家。

有时候拥抱负能量，是比宣扬正能量还需要勇气的。因为清楚地知道自己不会被一时的痛苦打倒，即使被痛苦没过头顶，也依然清楚地知道，悲伤之后，依然可以像从前一样地站起来。日子还是要继续，悲痛总会过去，你终究会自己走出来。

这样的自信，是一个人不逼迫自己逞强的底气。

不管多大年纪，都应该保留感知脆弱，但别被脆弱击垮的能力。最好的成长，从来都不是来自伤害，或者被稳妥地保护起来，而是在被荆棘刺破皮肉、血肉模糊时敢于面对伤害，敢于袒露自己的心。

所有的情绪管理归根到底，就是考验一个人与自己的脆弱相处的能力。

– 05 –

逆商与情商同等重要。

什么是逆商？简单点说，就是我们面对逆境时摆脱困境和超越困难的能力大小。有的人面对困难，是耐挫力较强，有些人则被一棍子打下去就再也起不来了，这就是逆商高低与否的区别。

每个年龄，都有每个年龄相匹配的烦恼，它都会在那个年纪的地方，安静地等着你，见缝插针地给你一些痛苦，从不缺席。

正是这些经历证明了你的成长，证明你所有的颠沛流离是为了破茧成蝶，证明你花费力气和青春没有白费。

上天为我们安排这些磨难与挫折，并不是想考验我们能否一笑而过原地复活，太多的经历我们都不可能一觉之后便从容面对，这些磨难的安排其实是让你学会去承受痛楚，学会在困境中安然地成长，学会在逆风中继续前行，需要你做的只是走过去，既不丢盔卸甲，又不强颜欢笑地一步步安然地走过去。

无论你在那些突如其来的艰难到来时如何咬紧牙关，总会在某一个瞬间觉得难以抵挡。没关系，你可以在没人的地方痛苦一会儿。与其为过去的人和事折磨损耗自己，不如好好哭一会儿，然后拍拍身上的灰尘，往下一个路口奔跑。

这世界上没有什么能护你周全，父母不能，金钱不能，爱情更不能。做一个随时准备和这个世界死磕的人，做一个哭完之后勇敢面对的人。唯有你为自己练就一颗耐挫力满格的心，才能在有风有雨、荆棘丛生的这一路，妥妥当当地保护自己。

最酷的人生从来不是一帆风顺，而是穿越惊涛骇浪，在痛哭流涕后，抹干泪水，对命运说："你厉害，但我也不是好欺负的！再来，我们三局两胜！"

11 看你过得比我好，我就特别受不了

我们太渴望看到一个满意的命运，却忽略了别人的过程如何艰辛。

-01-

前些天和几位好友吃夜宵。

大力的女朋友望着我说：“听大力说你是写文的，真羡慕你呀，能靠爱好养活自己，不用朝九晚五看人脸色。比大多数的同龄人自在多了，我和大力还差得远呢。”

我笑笑，不说话，因为我不知道该如何回应这种羡慕。我总不能说，就在刚刚临出门吃饭前，我还在跟同事聊图书市场调研的事。而且一会儿回到家后，我还要准备明天开会的资料。

别人下班了就是私人时间，而对于以写字为生的人来说，任何时间都可能是上班时间。时常写作到深夜，去医院也要背着电脑，一边等号一边赶稿，真的不是夸张。

灵感来的时候兴奋得要爆炸，没灵感的时候悲观沮丧，会有一种自己不被这个社会需要的感觉，会觉得自己很没用。时刻要瞪大眼睛观察生活，这句话好要记下来，这个人的故事有意思也要记下来，敏感到有些神经兮兮。

整个生活，都围绕写作在生长着，一旦写作这个树根有了病恙，生活的细枝末节都会跟着灰暗起来。如果说上班族是朝九晚五看人脸色，那自由职业就是朝不保夕靠天吃饭，谁都没有更轻松。

有人看着你的照片会说这个人过得真滋润真潇洒，然而实际上，你或许过得确实不差，但也绝对没有照片上那么轻松。

这不传奇，也不侥幸。

吉娜歪了歪嘴："羡慕她？快得了吧。跟她碰面太费劲了，约十次出来一次，还得拎着个电脑，要不就是拿着手机。和朋友聚会聊天的时候也要抱着收集故事素材的心理，一刻也放松不下来。"

"我看她分享的美食美景总不能是假的吧。"

“哈哈，她那顶多是善于发现生活中的美好，拍拍照片保持文艺青年的形象。”

照理说肥皂泡被戳穿，场面应该有点尴尬。可我心里高兴得不得了，笑嘻嘻地举起酒杯与吉娜碰杯。

的确，如果你闲来无事去刷一下朋友圈，可能会出现这种情况：天哪，为什么每个人都比我美、比我优秀、比我活得精彩？别人好像都是上苍的宠儿，昨天分享美食美景，明天被喜欢的人表白了，后天要去美国进修。

有姑娘问我，是不是只有她的人生一团糟，那些又美又不愁吃穿的人，是不是根本就没有烦恼？

我笑，“你看到的，可能只是他活得最好时候的状态。”

你不知道那个签了大单的姑娘，背后改了几十遍的设计方案。你不知道那个晒旅行的男孩正在和女朋友闹分手。你也不会知道，那个自己买了房子和车子的女人，因为穿了一整天的高跟鞋此刻脚踝酸痛得难以入眠。

李嘉诚有李嘉诚的烦恼，流浪汉有流浪汉的辛苦。不同的生活轨迹都匹配着不同的烦恼，真让你去走一下别人的路，你未必能感到快乐。

- 02 -

前段时间出差，跟多年不见的高中好友约饭，她陪我住在酒店，像学生时代那样彻夜聊天。

聊到天光微亮的时候，我说："你这几年变化挺大的。"

"怎么，要夸赞我穿衣品位和化妆技术吗？"

"你以前又敏感又倔强，特别理想主义，遇到一点不开心立刻爆发，碰上点不公平的事势必要讨个说法才行。现在的你，变得温和平静了许多。"

"你怎么知道的？"

"看你朋友圈呗，你已经很久不发有关负面情绪的东西了。"

"曾经我哭的时候，希望别人来安慰我，而现在难过的时候，希望没人打扰我。"说完话，她轻轻叹了口气。

她说，上半年有个很重要的项目，她的团队没有谈下来，让公司错失了一个很好的机会。领导不悦，严肃地批评了她，还扣了奖金，她没有为自己做任何辩解。

休假回家的那几天，亲戚们针对"你到底打算什么时候结婚"

盘问了她一圈，假期还没结束，她就提前买了机票回来。就在和我见面的前一天，她在上班路上开车，一个疏忽和前面的车追尾，是她的全责，又赔钱又道歉，弄得焦头烂额。

可翻翻她的朋友圈。

被领导批评那天，她在朋友圈发了几则笑话，推荐了一家口味地道的粤菜馆。被亲戚们催婚那天，她说好久没吃到妈妈做的菜，很开心。出交通事故那天，她拍了蓝天和路边的小狗，说天气很棒，新的一周要加油。

我望了望窗外，刚刚建起的高楼像是一把把矗立的剑，锋利无比，透着寒光。车水马龙的街道和立交桥，像是通往心脏中心的动脉和血管，输送着奔波忙碌的人们。

忘记从什么时候开始，我们很难从朋友圈中看到负面情绪。就算偶尔看到一条心情不佳的状态，过几个小时再去看，就已经被删了。更多的人会晒晒聚会，拍拍蓝天白云，分享旅途美景，转些时下热点，说些不痛不痒的话。

小时候，我们总爱放大自己的痛苦，受了一点伤恨不得昭告世界。现在，我们却习惯隐藏自己的痛苦，那些独自饮泣的难过，那些深夜失眠的辗转反侧，那些不开心的事和想要发泄的情绪，都被长大后的我们管住了。

朋友圈只甄选最上镜的那段日子，像是你生活的剪报。在按下发送键的同时，那些几乎完美的照片，已经替你把糟心倒霉的破事一笔勾销。

你不过是把不好的过程，藏在了微信这个庞大的 App 够不到的地方，然后一个人默默吸收。

生活不是糖罐，在我们那些小小的美好背后，是漫长的苦海。朋友圈照片都是真的，可那并不等于生活的真相。

- 03 -

感觉朋友圈里的人总是过得比自己好，是这个时代的焦虑。

朋友说每天早上醒来点开朋友圈，都有一种莫名的压力，A 升职了、B 买房了、C 被求婚了、D 去环游世界了。似乎大家都过得有滋有味，只有自己这么糟糕。

我无奈地苦笑摇头，因为我也有过同样的焦虑。

你应该也“反抗”过，PS 几张美食图，拍拍书和字，复制几段颇有深度的话，发朋友圈。

但其实，更多时候我们晒出光鲜亮丽的“照骗”，不仅仅是为了告诉大家表面上我们过得有多好，而是为了得到一些肯定，找一下所谓的存在感，也许状态是你愿意活出的姿态和模样。但这治标不治本，在短暂的精神安慰之后，继续回到空虚颓唐的状态中，你会不会嘲笑自己是个“小骗子”？

我在书上看到这段话：到处背包旅行的男生，一直没有找到适合停留的家；一个英国老太太，看似时髦富足，却一直在和儿子打官司；一个刚毕业的小姑娘看似年轻有活力，却受到了老板的侵犯；一个看似轻松快乐的客栈老板，曾经因父母离异而无家可归……而他们的朋友圈，有无数条羡慕的评论和赞扬。

这个世界人人都不容易，没有完美的世界和完美的生活，故事总是在最美好的时候戛然而止，生活却在柴米油盐中继续。

照片可以事先被PS过，而我们要面对的生活，可能是开怀大笑，可能是心酸流泪，可能是兴奋自信，也可能是焦虑无聊。

白天的朋友圈，像嘉年华。深夜的朋友圈，更像是故事会。

如果你曾在凌晨1点后刷新你朋友圈的动态，或许你会解锁了解一个人的新方式，会看见每个人平时没有表现出来的另一面。

平时作为朋友圈励志担当的小李发了一张城市夜景，说这座城灯火辉煌，可是没有一个能让他容身的地方。投胎技术过硬的富二代，说自己从小到大没交到过真心的朋友。只更新搞笑段子的孙同学忽然分享了一首伤感的情歌。公认的女汉子说她在修好水管的那一刻很想大哭一场。月薪过万元的学长说他已经两年没有回过家乡了。

这些隐晦的情绪像是荧光棒，白天看不见，可到了晚上关上灯，就能看得一清二楚了。而无一例外的是，这些深夜里的真情流露出的另一面，一身软肋，无一盔甲的另一个自己，总会在第二天太阳升起的时候被删除，然后重新投身到熙熙攘攘的生活。

幸福的大团圆结局后面，是真真实实的生活。把完美面纱撕开来，可能会暴露出后面的反转剧情。倘若你靠近那些光鲜的生活去看看，你就会发现，那些你羡慕的他们同你一样，不缺愁苦。

朋友圈，本意是为了记录和分享真实的生活的。可是如今它变成了实现理想的捷径、成了“幸福”的竞技场。可真实的生活无法加上调色功能，也不能被剪辑。我们在这其中体会失去，了解珍惜，品尝离别，得到成全。

这或许是我们来这世间走一遭的真正意义，所以为什么要羡慕别人，你手里拥有的便是最好的。

你不用假装过得很好，这个世界上没有几个人是你的观众。

当你想到了以前，那些历历在目的人，除了三两个亲友还在关注你的眼神，唯有默默地独自面对世间喧嚣。那些你很在意的事情，经过岁月的涤荡之后，在你的记忆中变得无足轻重起来，那是因为它们早就应该结束了。

这个世界上过得好的人，都是该吃吃、该喝喝、该哭哭、该笑笑，不逃避、不畏惧的人。

愿你成为真的过得很好的人，像你的照片里一样好。

12 三观不合的人在一起不是磨合，而是磨损

三观不合的人真的很难在一起舒服相处，因为思维、经历、喜好都不一样。就像我说大海很漂亮，你却说淹死过很多人。

- 01 -

铃铛和大陈因一个 Kindle 而闹分手。

听上去很匪夷所思吧？如果不是铃铛亲口跟我说，我也不会相信。

大陈毕业后进了一家实力较强的公司，月薪稳稳2万元。铃铛经营了一家品牌男装店，也赚了点小钱。

按说这两个人的生活应该是过得有声有色的，偏偏大陈除了当

年表白时手捧一束11朵的玫瑰花，这些年的情人节、纪念日再没送过铃铛一份礼物。铃铛原以为理工男不懂浪漫，可时间一长，心里也十分不是滋味。

铃铛说自己想买个 Kindle 平时看电子读物方便一点。没想到大陈急了。

“完全没必要买 Kindle，有手机就可以了。”

“手机内存太小了，而且 Kindle 屏幕大一些，看着也舒服点。”

“你这明摆着浪费钱！平时也是，我们两个人出去吃饭，两个菜就够了，你总是点四个菜。上个月你买包花了几千块，太奢侈了。”

铃铛不能理解，一个 Kindle 并不贵，铃铛想自己买给自己，大陈都不同意。铃铛说了句“分手吧”，就把他拉黑了。

铃铛发微信给我，“我每个月都要出门去服装厂谈合作，有个像样点的包包不应该吗？我们两个每天工作都不轻松，吃饭的时候菜品丰富一点保证营养这有什么不对？而且并没有浪费。”

“这么不合拍，还在一起两年多？”

铃铛索性打来电话，“他追我的时候，我觉得他人品还是不错的，对待朋友和我的家人都很热情，可是这几年我们越磨越不合拍。在花销方面，他根本不觉得自己有问题，只觉得是我奢侈。什么都是差不多就行了，完全不讲生活质量，如今想买个 Kindle 都成了败家了。我连吵架都不想吵，因为吵不出答案，我很累，一想到漫长的人生要和不合拍的人度过，我就感到害怕。”

我听到电话那头铃铛的叹气声。

在爱情刚开始的时候，很多人会为对方迁就，展现自己最美好的一面。

可是如果两个人长时间在一起，对生活的理念、态度至少都得在一个频道上，相互之间能沟通能理解，对生活的理想状态有一个共同的渴望。而不是心动过后，无话可说，连吵架都吵不到一起去。

我们一生寻觅，就是为了找到自己另一半碎片，解救孤独。而在这个过程中如果没有遇到对的人，就只会变得更加孤独。

不管是爱情还是友情，三观不同的人，每一次聊天，你都要在心里压抑自己八百次，才能勉强忍住转身离开的欲望，痛苦又煎熬。

这个世界上，因三观不合而分手的情侣、夫妻，比你想象中多了太多。

你喜欢看书，他觉得你迂腐；他爱看综艺，你觉得他肤浅；你无辣不欢，他却口味清淡；你喜欢 party 的热闹，他偏爱宅在家的清净；你喜欢旅游，他却觉得旅游只是浪费钱，不如在家待着；你偶尔去趟西餐厅，他却认为这是“乱花钱”。

这不叫互补，这叫凑合。到最后你会发现自己的世界越来越小，只容得下鸡毛蒜皮。

你认认真真健身、敷脸，不是为了找一个在旁边既不欣赏还要指责你乱花钱的人来闹心。辛辛苦苦加班工作，是为了假期去香港买心仪的衣服和包包，花钱花到手软的，而不是为了和一个守财奴窝在沙发上看电视剧的。

三观不合的人，从本质上追求的东西就不同，压根不是一路人。曾经的喜欢只会随着沟通和日常相处一点点削减，直到相处也成为一种负担。

– 02 –

以前很多人觉得找另一半要有钱有貌，但其实经济条件可以通过努力改变，容貌可以通过提高审美来改变，性格可以包容，爱好可以参与，三观不合却治不了。三观一样的人才有更稳固的关系，因为有一样的价值观和目标，才能共同奋斗没有太多冲突。

前段时间，在“九五后”婚恋观的调查中，关于“最看重伴侣什么条件”选择时，三观一致排在第一位，而经济条件排在5项中的倒数第二位。看来越来越多的年轻人在择偶时，不再那么看重物质条件，更看重精神上的三观契合。

每个人从小的生活环境和接受的教育都不同，三观是在小时候就慢慢树立起来的东西，所以自己与他人的兴趣、爱好、品位难免都会有不同。

你喜欢户外运动和机器人模型，他喜欢弹弹钢琴和收集香水。他会在恋爱纪念日的时候带你去听钢琴演奏会，虽然他听得云里雾里，昏昏欲睡。这并不是三观不一致。但如果他硬要说你喜欢弹钢琴是玩票，收集香水是浪费钱，而他的户外运动才有意义，这才是三观不合。

或者说，你喜欢路边麻辣烫，他钟爱日本料理。你不认为他是假装高格调，他也不批评你不注重就餐卫生。他能懂得人间烟火自有它的美味，你也愿意陪他坐在精致的餐厅里品尝新菜。和这样的人在一起，漫长的人生才不会觉得太难熬。

相恋容易，因为五官；相处太难，因为三观。合适的人不一定要情商多高，但一定会懂你。他不会在你感性的时候，讲生硬的大道理；也不会在你气得火冒三丈时和你硬碰硬，他懂得尊重你的选择，并且不会把自己的想法刻意地强加在你的头上。

虽然在这个世界上，我们很难找到一个和自己完全契合的人，也没有十全十美的伴侣。但如果真的要在一起度过漫长的几十年，请一定要找一个认同你的生活、懂得尊重你的人。

所谓三观相合，是有自己的想法，也不排斥世界的多样性。在遇到彼此差异的时候懂得尊重对方。不将自己的价值观凌驾于别人的价值观之上。

三观相合的人，因为和你目标一致，追求一致，判断一致，会是你的好队友，甚至好导师；而三观不相合的人，只能带给你一场又一场无意义的针锋相对、剑拔弩张。

三观有时候没有正误，只有一致与不一致。强行掰向一致，对两方来说都是一种磨损。

如今想想，最容易恋爱、最容易交朋友的时候，大概就是我们最年轻、幼稚、天真无邪的时候。那个时候要求很低，喜欢也没有那么多条条框框。你长得好看，我就喜欢你。你借我课外书，我们就是朋友。

从前我说大海很漂亮，你说淹死过很多人，我或许还乐呵呵傻笑着，和你手牵手跑到沙滩边去玩。可现在，我说大海很漂亮，你却说淹死过很多人，我连和你牵手的欲望都没有。

没办法，我们一路不停歇地成长，我们的思想不会一直停留在看脸的阶段，所以忘了什么时候开始，我们对交朋友和谈恋爱，有了不一样的要求。

所谓合适，就是听得懂、聊得来、愿理解，是你的快乐不缺观众，是有一天你的故事有人能懂。你和谁谈了几场无疾而终的恋爱没关系，重要的是找一个适合自己的人，这样才能在漫长的余生里共度而不会觉得费劲。

13 别人对你的态度，都是你教会的

你嘴上说不想被任何人摆布，行动上却选择步步退让。可糟糕的是，退一步未必海阔天空，也可能是下一个阴沟。

-01-

你有没有过这样的经历？

工作一天感到疲惫，本想下班后摊在沙发上看部喜欢的电影。朋友却邀你一起逛街帮他挑选年会那天的衣服。因为不好意思拒绝，你只好拖着酸痛的腿去应约。于是用看电影的乐趣兑换了一次心不在焉的 shopping。

你发现肚子上有了赘肉，为此你准备了燃脂沙拉，并且打算每晚做40分钟的有氧操。偏偏收到朋友夺命连环 call，说是楼下路边摊一起撸串。因为不好意思拒绝，你放弃了运动的时间。肉串本来很香，你吃在嘴里却食不知味。

好不容易到了周末，本想自驾游去周边城市度假。同事却发来邮件，希望你能帮忙修改设计方案，说是简单弄弄就好。因为不好意思拒绝，这一改便花去了你大半天的时间，你抬头看看时间已经下午，哪都去不成了。

善良是很珍贵，但没有长出牙齿的善良，那就是软弱。自以为是的善和无可救药的恶一样可怕，都是藏着砒霜和毒药的。

你选择一个什么样的人相伴，与什么样的人为伍，就选择了什么样的生活方式。不懂拒绝，就是变相任由别人一次次打乱你的生活。只有学会了拒绝，才能放过自己。

对需要帮助的人，我们应当永葆热忱和爱心。但并不是苛求自己不断满足别人的需求，而忽略自己的内在想法，让自己活在逼死自己的节奏里。

- 02 -

莹莹的男朋友是圈里出了名的友善，几乎是做到有忙必帮，有呼必应的节奏。

他有位大学同学从老家来找工作，在莹莹男友家借宿，一住就是半年。莹莹周末去男友家做饭、打扫都感到十分不方便。

这期间，他的同学经常找他帮忙做简历，出设计图，而且经常加班到半夜，不得不找莹莹男友帮忙分摊工作量，又顺便借了一万块钱。莹莹表示过不满，但男友觉得同学一个人来陌生的城市找工作不容易，应该多帮忙。可谁知情况愈演愈烈，这位同学出差期间，还要莹莹男友照顾一下自己从外地来的女朋友。

用莹莹的话说，男友何止是雷锋，简直是他同学的妈。

人往往对拒绝陌生人不会感到抱歉，但对拒绝亲近的人会感到自责，只怕伤了对方的心。越是看重一段关系，越不忍心说出一个“不”字。莹莹的男友就是这样，但也真是这个原因，才放任了对方的依赖感。

帮一次是情谊，帮无数次是自讨没趣。

我们总是害怕在拒绝后就失去了这个朋友，但其实有的时候对别人说“不”并没有什么关系，因为不让别人给我们添加负担是合情合理的。

没有智慧的善良，其实和愚蠢没有太大区别。凡是会耽误自己事情的求助，我们都应考虑一下帮忙的后果。用恰当的语言，暗示你的原则不容越线，用恰当的方式，让对方知道该适可而止。

- 03 -

逼死自己还讨人嫌这种事，在我自己身上也发生过两次。

年初的时候，我同闺密打算去泰国玩耍几天，几个同学、同事们知道后都纷纷叫我们帮忙代购，更是发来清单，大多是不同牌子的护肤品、防晒霜、面膜等。

其实当时我和闺密的本意只是想去泰国品尝那边的美食，再感受下异国风景，并不想拎着一大堆东西走来走去。

可最后我还是不好意思拒绝，口是心非地答应了大家各种要求。

护肤品、面膜的包装盒十分占空间，我们两个的背包很快就装满了。为了帮同事买她指定牌子的防晒霜，我和闺密辗转了几家商场，又排了近两个小时的队才买到。然后我们背着满满一包的瓶瓶罐罐，在这街头啃着小菠萝，那画面，想想都觉得不美好。

本来想吃吃喝喝逛逛，结果时间基本浪费在了穿梭于各个商场和排队中。期待已久的异国之旅完全没有想象中的乐趣。

当我周一把化妆品交给同事的时候，她说其实我买到的价格并不便宜，和代购那里差不多价格。我无法形容自己当时的心情，只是明白了，我们自以为的“好心”，可能别人根本不领情。

后来想想，其实当初我可以拒绝的，如果我跟大家解释清楚我只是去几日，而且做了详细的行程安排，时间宝贵，大家应该也会体谅我，可我就是不好意思说出口。

如果自己的理由出于正当，就不要害怕拒绝他人。

当一个成年人开口提出要求的时候，他的心里根本预备好了两种答案。所以，给他其中任何一个答案，都是意料中的。

接受并忍受拒绝，是每个成年人都具备的基本心理素质。

- 04 -

这是我干过的既苦又累还不讨好的蠢事中的一件，另一件发生在我的大学时期。

子乔是我隔壁寝室的姑娘，因为同在广播站工作，所以相互之间的交集多了一些。广播站每周三中午例会，子乔经常不参加，拜托我帮她答到，我虽然不赞同她的做法，但也并没有拒绝她的要求。

起初几次都很顺利，散会后我会把整理好的会议内容发给子乔一份。可是有一次由于参加例会的人很少，站长很生气，并当场开除了两个帮忙答到的同学。我给子乔发了信息，让她赶过来参加，她却坚持认为没事。点名到她的时候，我没有回答。

子乔因为这件事自然要受到批评，还要提交一份检查。

晚上，子乔站在我宿舍的门口，非常大声地指责我没有帮她答到才害得她被处分。

“我已经给你发信息让你来参加了，也说明了今天的情况。”

“你不帮我答到，就是不负责任的表现。”

我们两个僵持了很久，最后还是室友把她拉回了宿舍。子乔从此与我交恶，见面不打招呼，还经常跟别人说我做人多么不仗义。

你看，即使你勉强去按别人的意愿行事，也未必能获得别人的喜欢和尊重，有时候换来的反而是得寸进尺，甚至是反目成仇。

比妥协更悲惨的，是妥协后不仅一无所获，还落得一身埋怨。别不好意思拒绝别人，反正那些好意思为难你的人也不是什么好人。

他人对你的尊重，从来不是因为你的顺从。

相反，懂得拒绝才能让别人看到你的原则和底线，也才能让自己从人情世故中得到适当的解脱。可能很多时候，不是别人不理解或者太残忍，而是你没有为自己争取，你要相信自己值得拥有自己做主的人生，才能有勇气告诉别人，哪些是你想要的，哪些是你拒绝的。

有些人不敢拒绝他人，而有些人是不会拒绝他人。拒绝他人需要一定的技巧，有时需要简单直接的方式让对方死心，而有时也要采用婉转的方法使对方好接受一些。

拒绝虽然会让人失望，但婉转将失望降到了最低的限度。它既没有让他人觉得很不舒服，也能够让对方理解你的苦衷。在你确实是不便帮忙时，直接拒绝是最有效的、最正确的方式。

我们活在这世上，不能存害人的心眼，可也得有保护自己的意识。大家都是第一次做人，有些事没必要忍。不会拒绝这种病，解药只有你自己。

大多数人都活在平静的绝望里，

不甘平庸却碌碌无为，

孤独终老却无人铭记，

踌躇满志却懒得要死。

14 追求比你生活能力更好的东西，哪怕你现在还配不上

你没有落后，也没有领先，在命运为你安排的属于你的时区里，一切都会准时。

—01—

我的朋友唐娜和小优。一个智商超高人生开挂，一个草根出身漂泊在上海。她们两个人却有着一个相似点，就是糟糕的原生家庭，但她们选择的自我救赎很不一样。

唐娜在孤儿院度过童年，通过自强自立成为金融界的精英。她靠自己的脑子和双手，赚来自己想要的物质生活。独立和冷静的个性，让她时时刻刻都能做自己的神。她从没有想过把人生的掌控权，

拱手交付给除了自己以外的任何人。

出生在重男轻女家庭的小优，她视美貌为资本，哪怕手头拮据，也要名包加身，敷几百块的面膜，好提升自己在婚恋市场上的竞争力。她把过上好日子的希望，寄托于男人和婚姻，希望通过别人来改变自己不够幸运的人生。小优常常“教育”闺密们：“男人买单是天经地义的事情。”

这世界上，没有人能完全承受另外一个人的毫无限额的寄托。因为每个人都背负着自己人生里的不如意在泥泞里踽踽前行。

有些人会让自己生出更坚硬的盔甲来抵抗，而有些人只会急于寻找救命稻草，企图依靠他人拽自己一把来渡过难关。

你今天的一切，是由你5年前甚至10年前的选择决定的。

你现在的努力和准备，都是一种沉淀和积累，将来在某个特殊时间点到来时，能助你爆发出强大的力量。

能决定一个成年人人生走向的，从来不是家世背景、命格运气，而是独立的价值观念、一点狠劲和一点不甘心。

既然不能撤回事与愿违的人生，那最好的选择就是尽全力克服自己身上的标签和阻碍，用实力为自己救赎、冠名。

- 02 -

炜莹是个很有才华的姑娘，大学毕业后她顺利考入了电视台做记者助理，实习期转正后就拿到了比同龄人高出一截的薪水。

在这个毕业就失业的时代，炜莹的经历不知让多少同龄人羡慕不已。可好景不长，转正4个月后，炜莹被解雇了。

领导看重炜莹的能力，将一个很重要的采访交给了她，并叮嘱她新闻稿一定要认真写。但事与愿违，炜莹辜负了这份信任。她在刷够微博、聊完微信之后，仓促地写了一篇新闻稿，并且文案中的几个数据没有经过严格的调查。

这一次的大意，导致新闻稿在最终审核没有通过，节目在第二天面临开天窗的危险。而且这件事让整个组的同事都受到了批评，领导下令要严厉对待此事，炜莹自然要承担最大的责任。

丢了工作的炜莹觉得自己很委屈，她对朋友说："领导在交给我这个任务的时候，是我转正后的第二个月。你们不知道，我在实习期的时候有多么用心，因此耗费了太多精力，我真的觉得很累，想让自己轻松一下。其实我也没想到后果会这么严重。"

离开了电视台后，炜莹在广告公司找到了一份新工作，但她的上进心似乎随着她上一份工作的实习期，一起离开了她。工作的时候经常发呆，刷帖子，或者跟朋友在网上没完没了地聊八卦。工作效率越来越低，文案没有新意，慢慢在公司沦为非常鸡肋的职员。

炜莹并不是个只知道混日子的姑娘，不然当初在电视台，她也不会从几百名实习生里脱颖而出。只是当命运为她敞开大门的时候，她自己却自作主张给自己放了长假。她还不懂，对于大多数的平凡人来说，停滞并非留在原地，而是意味着退步。

我们每个人都知道，每天被老板钉在办公桌前8小时是什么滋味。如果有人说他从不开小差，那他不是超人就是骗人的。

在编文档的时候偷瞥一下今日头条新闻，或者做幻灯片的时候偷偷网购一条裙子，然后这种无伤大雅的小事又在事后让人懊悔，觉得该干正事的时间都被荒废掉了。在下一次同样的情况下，我们又轻易地放过了自己，得过且过，浑浑噩噩。

我们可能因为拖延，敷衍地完成过作业、论文、工作，如果这样养成了习惯，连人生都是匆匆忙忙粗制滥造出来的，那就真的太可惜了。

生活中哪有那么多太累、太难，你把生活过得乱七八糟毫无色彩，

根本无关时运不济，只是你耐力不足又不够上进。

- 03 -

我认识七七的时候，她才上大学一年级。

大部分同学刚进大学时都在庆祝自己刚刚逃脱了高中的牢笼，享受着无人管束的自由。可七七不是，不仅进入学生会和广播站，还报班学习计算机和英文。

有同学问七七：“你这包挺好看，什么牌子的？”

七七说：“网上淘来的，不到200块，你要链接吗？”

同学尴尬笑笑：“这么便宜的包你也背呀？”

七七低下头，不说话。这种因为穿着廉价和没见过世面的窘迫，她不知经历了多少回。

她问我：“学姐，我该怎么办？”我明白她的焦虑。

我们这些所谓的小城市女孩，带着满心欢喜和憧憬走进大学，却发现这个世界不仅和我们想象的根本不一样，而且离我们很远。普通、自卑甚至懦弱。别人说起出国旅行的情形，自己根本插不上嘴。

长她几岁的我并没有太多有价值又切实可行的经验分享给她，

于是只好跟她说：“如果不知道该怎么办，那就多读书，多实践，多去弥补自己的不足。千万千万，别放弃努力这件事。”

七七在室友都还没起床的时候，就抱着书去操场跑步，吃过简单的早餐后去图书馆背英文单词。并且一直坚持参加英语角的活动，用蹩脚的口语和几个留学生交流。

其他同学只有在临近期末考试的时候才泡图书馆，但七七不，她每天坚持在图书馆学习2个小时，背英文、做PPT、准备论文材料。

为了克服性格上的怯懦，她逼着自己参加演讲比赛。在体育课休息的空隙，她站在前面表示希望大家可以听她的演讲。虽然很多人表示不理解，却也一次次见证了她从声音发抖到从容自信。后来她在几次演讲比赛中都拿过不错的名次，更代表学校参加过辩论赛。

七七毕业那年，我已经工作。

她把简历发给我，希望我给她点意见。广播站记者聘书、社团团长、外企实习、四六级高分成绩，还有交换留学生的学习经历，以及各种比赛证书。

她可以选择申请学校继续进修，可以选择继续留在实习的那家外企，当然还可以选一份全新的工作。

“你现在这么棒，哪还需要我给你意见？”

“姐，我正在准备雅思，希望在明年顺利考入悉尼的国立大学读研究生。”

“这几年，你还真是没少折腾自己。”

她笑了笑：“没办法，老天没有给我衣食无忧的生活环境，也没有给我聪慧过人的大脑，可我就是喜欢踮踮脚才能够到的生活，我想靠自己试一试，试着去摸到我向往的生活。”

隔着电脑屏幕，我也可以感受到如今的七七再也不是当年那个怯懦的小学妹，她在时间里为自己储备了实力，并且知道自己要去哪里。

认识七七的人只会轻巧地说一声“她变得更好了”，却不知道她为了“变得更好”付出了多少旁人无法体会的努力。从自卑到坦然接受，再到为自己建立自信，这条路她走了整整5年。

很多人说寒门更难出贵子，七七也知道很难很难，可幸好她从来没放弃，她骨子里的上进，不允许她放弃。

后来，七七到悉尼参加了一个青年夏令营。

她与我视频时高举着手机，说：“姐你看，后面就是悉尼的海港大桥，好美，比我们在电影里看到的还要美。”

异国风光和她的笑脸在那一刻都显得格外美好。

上进的人，总有自知之明。不上进的人，总在自欺欺人。

时间和命运可能会毁掉一个人的外貌和好运，但它永远不能摧毁一个目标明确，且今天比昨天更加努力的人。

用出类拔萃的成绩让质疑者闭嘴，用时时刻刻对自己权利的争取来赢得机遇和认可。机会和人生都是自己选择、创造出来的。

如果你在哪个年纪开始害怕了，怕自己输不起了，那这个年纪你拥有的，就是你一生的上限。

可如果你将恐惧抛在身后，一路狂奔，你才真的会刷新命运给你的配置。

- 04 -

很多事并不是做不完，而是不想做。

为什么不想做呢？还不是因为懒。懒充满了难以抗拒的诱惑，让你先把眼前的快乐享受了再说，于是习惯性地拖着，这里玩玩那里摸摸，大半天时间不知不觉就过去了。看看日历告诉自己，还早呢，不急。总觉得时间还长呢，1月底的时候告诉自己，下个月呢，不急。可日历不知不觉跳到了2月，该完成的任务像一把刀，慢慢逼近了自己的脖子。于是又开始痛苦和自责起来：“如果我早点开始做，完全就不会像现在这样难过了。”

这样的恶性循环时间长了，这样一种生活成为可能：人可以不假思索地活着，可以不审视自我，无惧生活对不读书不思考的人的严酷审判。循规蹈矩，得过且过，与生活中的一切妥协，提前预支自由和快活，拒斥意义，放逐掉所有的观点和表达。

人生就是越长大越难，哪里可能好命到慰藉和快乐都由别人全盘托出给你？偶尔也会觉得自己是被命运的沙漏漏下去的那几颗，惶然无力地躺在瓶底，微渺且绝望。深知自己作为沙粒，所有飞翔的可能性都一定是要借风的。但等不到风的时候，也还是要活着不是吗？

作为凡人，在好运从天而降之前，只能努力一点，再努力一点。毕竟不能将对更好生活的期待捆绑在别人身上，因为别人很难有靠得住的，只有你才是自己的堡垒。

你只有在一个城市里，真正地高歌猛进或一败涂地过，在这里和什么人的命运紧紧纠缠过，要一踏入这里的机场车站就被巨大的回忆和期望充满，要经过这里四季的和煦温柔、暴烈残酷，才有资格说，自己属于这个城市。我在这里，不顾一切地活着。

别人说做自己，是希望你抵制按他人意愿随波逐流的冲动。但如果

连你都不知道自己要成为什么样的人，是不可能做自己的，而如果不思考这些，你也不可能知道自己想成为什么样的人。

上进不是短期爆发，是持久的内在能量，就像你身体里装上了电动小马达，它会驱动你永远去追逐更好的自己。就像唐娜和七七，不踮起脚，紧跑几步，哪知道这世界有太多自己不曾见过的美丽呢？

追求比你生活能力更好的东西，哪怕是现在的你还配不上。因为比现在生活高出一截的生活，可以让人产生最大的动力，往那个地方狂奔。别做一个嘲笑上进心的人，也别让自己失去它。

15 你对待情绪的方式，决定了人生的走势

任何时候，你都不要做自己情绪的奴隶。不应该使行动受制于自己的情绪，而应该反过来控制情绪。无论境况多么糟糕，你应该努力去支配你的环境，把自己从黑暗中拯救出来。

-01-

前段时间叶子小姐失恋，于是整个朋友圈跟着遭殃，我不得不在被她刷屏一周后屏蔽了她。

我发条信息安慰叶子，结果她打开了话匣子，将一肚子的苦水倒给了我。后来叶子感觉打字太慢，干脆发语音，60秒的语音，十几条连发。一边抱怨着前男友的无情，一边念着他对自己的好。听得我头昏脑涨，几次想打断她，却又不忍心。

她说，我们在一起那么多年了，打算明年结婚的。他说在公司加班，却被我发现出去聚会夜不归宿。外套上找到三根长头发，还有廉价的香水味。我忍不住大吵了一架，摔了他送我的手链。

我说，女人生来自带福尔摩斯属性，说谎和彻夜不归都是他的错，后悔的应该是他。

她说，我是不是应该再问问清楚，摔东西也是我的不对，可他怎么在听到“分手”两个字后，连句挽留的话都不说呢？

叶子沙哑的声音里透着一股悲凉。从前的叶子，思维敏捷、理智果敢，文能妙笔生花，武能切肉下厨。眼前这个歇斯底里的女人让我感到如此陌生。

每当我们站在局外看着身边朋友的生活出现问题时，我们的智商都会占领高地，给予他们理性的分析，梳理出感情里所有的纹路。

可偏偏自己成了故事的主角，情绪这根弦便会立马绷不住，扬起脸迎着生活的巴掌。

当你哭得像个泪人，在别人面前求安慰时，虽然大家会摸摸你的头，给你倒杯温水，说些不痛不痒的暖心话，但这又能怎么样呢？你因此被治愈了吗？伤口是很疼，但你不停地揭伤疤，它就能好吗？

每个人都有自己的学习、工作、生活、困难、忧愁、烦恼，而成长是一个人孤独而艰难的跋涉。在若干年后，等你渐渐走出他的世界，有人提起你当年狼狈的样子，或是你反过来看看过去的自己，你会觉得当初的自己多么矫情，你会恨不得马上将他在你的记忆里格式化。

在这个世界上，除了你自己，没有人有义务让你高兴，没有人能代替你痛苦，更没有人有足够的时间和精力来指导、督促你怎样成长。

- 02 -

昨天深夜，汤圆发来微信：亲爱的，我已经加班加傻了，现在准备回家。然后配了一张卖萌嘶嘴的照片。听得出，她很累很疲倦。叮嘱她要注意安全后，我翻开她的相册。

照片里的她倚着斑驳的老墙，对着苍山洱海发呆。或是挥着羽毛球拍，自信的笑容上沾着汗水。又或是支起画架涂鸦一幅水彩画。这怎么看都是个文艺又热血的姑娘，好像无时无刻都充满着活力。谁又能知道，此刻她漂亮的脸蛋上挂着极不相称的黑眼圈，在深夜的马路上紧紧地裹着自己的围巾。

我想，繁忙的工作一定让汤圆觉得喘不过气来，但她没有因此抱怨和发脾气，她选择用适当的方式以及平和的心态消化掉坏情绪。

她每天都有会议要开，每天都有任务需要布置给下属，这样的日子让她没有时间抱怨，没有时间吐槽，没有时间情绪不稳定，没有时间让那些小情绪影响到下一步的安排。因为哪怕一片刻的情绪不稳，都直接影响到复习进程或是工作进展。

第二天醒来，你在汤圆的脸上，看不到昨天因为工作进展受阻产生的烦躁，也看不到因为人际交往带来的苦恼。她依旧穿着合身的职业装，高度适宜的高跟鞋，穿梭在写字间，活脱脱一个元气满满的 OL。

你看，那光鲜靓丽的背后，都曾熬过无数个不为人知的黑夜。不是所有人都能知道你一个人走夜路时的心惊胆战，知道你熬夜加班时的辛苦，更没见过你深夜里哭肿的双眼。

没有人天生就懂得控制情绪，真正能干的人，是时刻留意不要让自己栽在坏情绪中。

- 03 -

我们读了那么多书，内心却脆弱得不堪一击。我们疯狂地依赖正能量和鸡汤，但一觉醒来，依然是丧丧的自己。我们都知道要坚强勇敢闯世界，但经常被旁人的一句话就激起了玻璃心。

从小到大，我们学过了无数知识和技能，但人不是机器，不是堆砌知识就能战胜一切。

我们每个人都好像很容易就陷入自己给自己带来的情绪起伏里，随着情绪大起大落。

比如到一个陌生的新环境、新的城市、新的团队、新的生活，巨大的不安使我们语无伦次，想要开口说话，却已经忘了要说什么。不知道如何表达、如何讲述，努力笑得嘴角都僵硬了，不过是为了掩饰自己情绪的不安，然后不敢去社交，不敢去认识新朋友，陷入自己的沮丧中无法自拔，甚至连眼前的事情都做不好。又比如失恋之后，大哭大笑，暴饮暴食，然后生活没有了规律，人生没有了方向，忘记了自己从哪里来，要往哪里去，正在以什么方式努力奋斗。

有时候，生活就像是乘坐情绪的过山车，情绪来的时候好似黑云压城。情绪失控，然后生活也跟着失控。我们高兴、难过、欣喜、失望，也曾一蹶不振，好像在那个自己框住的小范围内打转，怎么也走不出来。

亲爱的，人不能活成一团情绪。当你情绪低到冰点，哭其实是不能发泄情绪、不能表现伤痕、不能治愈伤口的。你会发现，在痛哭流涕里，你丢失了在爱里的自己。当你的情绪处于低潮时，对任何事情都提不起兴趣，要学会转移注意力。有些事情既然不如所愿，就尝试着去接受、去面对。

一个人不可能改变世界，世界也不会因你而改变，若身边没有马上出现一个能懂你哄你的人，那你所能做的，就是适应世界，不钻牛角尖。

无论情况有多么糟糕，生活给了你多少坎坷，爱情给了你多少磨难，你都该努力去支配自己的环境，把自己从黑暗中拯救出来。

有时候真的觉得生活苦得快熬不下去了，只想抱头痛哭一场。可是，你手头上的工作还没做完，你预设的目标还没有实现。销售数据不会因为你闹了情绪就直线上升，客户也不会因为你吐槽了就降低要求。

你扪心自问，你真的要带着哭红的双眼去遇见下一段爱情吗？真的要带着一堆未完成的工作去见你的老板吗？

人生路很长，赌气或是闹情绪的人，看似活得理直气壮，实际上是在和世界对抗，和自己过不去。闹情绪这件事，说到底是自己为自己的无能感到愤怒。

我们总在犹豫，给自己找了无数借口，将痛苦延伸得老长老长而不去解决它，身心一次次地被挤压蹂躏。大多数的人在不自知的借口和自我安慰中漂泊。我们的内心戏太多，多到时间都不够用，多到我们没有时间去更好地对待一段感情，更好地去爱一个人。

那些如同神一样的牛人，那些看起来总是赢得毫不费劲的人，都在你看不见的地方付出了很多努力，他们已经学会了不抱怨，把抱怨的时间用来做该做的事。

在你被他们的光芒吸引的时候，却不会看到他们熬夜的倦容。他们身上有光，是因为他们也默默扛下了黑暗。

越长大越觉得世界真是太薄情，慢慢消失的依赖感和渐渐游走的温暖。失恋、失业、失去，每一件都是可以击中你的武器，都是能刺穿你的利剑，然后你感到悲伤汹涌而至，无以复加。可翻遍整个世界，发现好像只有自己能治愈自己。

能控制好自己的情绪，不是一种奢望，而是一种能力。希望行走江湖的我们，早一点修成这门绝技。

16 击败我们的不是困境，而是耐力不足

人生如戏，应该是打游戏的戏。打过这一关意味着下一关更困难。可要是打不过这一关，那接下来都没得玩。但只要你不认尿，困境就摞不倒你。

-01-

电影《我的少女时代》里的第一句台词就说：“我常常幻想，长大后的我会是怎样的，从理想的学校毕业，发挥才华，实现梦想，然后遇到一份完美的爱情，人生像钻石一样闪闪发亮。”

当梦想照进现实，女主林真心长大后的男朋友是个耐心超差的家伙，老板是加班狂魔，而她自己亦是唯唯诺诺，成了同事茶余饭后嘲讽的对象。

然后旁白话锋一转："从来没有人告诉我，原来长大后，你可能只会做一份不怎么样的工作，谈一场不怎么样的爱情，将就着过一份不怎么样的生活。"

这个开头，可以说是很扎心了。

上天从来都没许诺过长大以后的路会比前面好走一点，随着你变得越来越强大的同时，需要应对的挑战也越来越多。

16岁的时候，你所关心的不过是跟同桌闹了别扭要怎么和解，月考成绩又下滑了3名如何跟父母交差。18岁的时候，困扰你的无非是高考成绩，要上哪一所大学，学校的口碑如何，舍友是否好相处。25岁的时候，你替同事背了黑锅有口难言，刚步入职场的不适与茫然让你发愁。27岁的你暗恋同一座写字楼上班的男生，可接触了才发现对方是个花心鬼。30岁的时候，你为三姑六婆逢年过节的逼婚不胜其烦，赌气在大年夜将自己锁进书房，觉得这就已经是人生至苦了，可你从来没想过，接下来的人生，偏偏就更艰难。

有无数次，我身边的人，包括我自己，都会有被生活压迫到想要灵魂出窍的感觉。面对做不完的PPT和改不完的方案，甚至要面对一些内心非常不屑但又必须去面对的人与人之间的斗争。很多次，我们都会忍不住在心里咆哮：去你的，这不是我要的人生啊！

当我们年纪还小的时候，哪个不曾怀揣英雄梦想。但是日复一日，时间会说真话，别说当英雄，生活中那么多不甘和苟且就会把我们折腾得腿脚瘫软。

人活着，本来就是要在各种无可奈何的状态里挣扎。没能成为小时候想成为的那种人，这是大多数人的无能为力。

- 02 -

《这个杀手不太冷》里有段经典台词。

小女孩问杀手里昂："生活是永远艰辛，还是仅仅童年才如此？"

里昂回答："总是如此。"

在一次活动上，我认识了一位圈内颇有名气的青年作家，加了微信后觉得蛮聊得来的。

我跟她说，生活的暴击总是抱团袭来，有时候真想就此瘫在那里算了，等生活有了起色，我再爬起来继续跑。

她说："别傻了，放下只能是一时痛快，躲不过来日方长的。"

然后这姑娘给我讲了她自己的故事。

她刚进入这个行业的时候，要花一整天才能写出一篇像样点的文章，偶尔状态欠佳，一天只写出2000字的时候，她都会在心里责怪自己。身边常有人劝她，找份轻松安稳的工作，下班后逛逛街、刷刷微博、追追剧不挺好的。大家都是活60年、70年，干吗把自己折腾得那么累啊？

那时候，正处于写作瓶颈期的她每天都感到自己快要窒息了。听到所谓的劝告后，第二天就和小姐妹们去逛街刷卡买买买。晚上到家索性电脑都不碰一下，窝在沙发上看看八卦，刷一会儿朋友圈点个赞，然后昏昏沉沉地睡去。

两个月后，她觉得自己放松得不错，应该能量恢复满格的时候，再提起笔，发现自己来来回回敲不出一行字，之前长期的坚持只因短暂的中断，好像彻底消磨殆尽了。

用她的话说，那段时间确实过得很轻松，但过得一点都不好。

在为自己划出的舒服圈里，不问世事，不接尘土，永远风和日丽，当然快活。但这是一种可怕的蒙蔽。就像那句话说的，堕落本身并不致命，但它所衍生的懈怠、消沉和自我厌弃，却是生活真正的杀手。

何以解忧？唯有追赶。

她说那时候的自己像是被人猛推一把的不倒翁，要四面八方地倾倒，试探，重新寻回立足的力量。其实那个别人，就是她自己。

增加每天的写稿量，拒绝了无数次的聚会邀请。她精疲力竭，又时常失眠，没想别的，满脑子都是：怎么才能追回自己落下的那一大截？

她的备忘录写满了发展计划，每天按时更新公众号文章，积极了解业内信息。每天除了睡觉、跑步、吃饭就是写文。她猛扎进苦海里，只为不被甩开更多。

好在从最开始的反应平平，慢慢变成了约稿谈合作的机会增多。

生命的安排不是无缘无故的，你觉得此刻难以抵挡，是自己的能力不够，这时选择咬紧牙去忍去坚持，恰好是你锻炼自己的过程。

当你在一段时间里积累了足够的经验和能力，再选择更好的地方进行提升，进入人生的下一个关卡，这才是正确选择。

忍耐着、坚持着，不是让你停留在一个地方待到天荒地老，而是你要从这里学习到什么之后才能有资格离开。

- 03 -

百货公司的香水，95% 都是水，只有5% 不同，那是各家秘方。

人也是这样，95% 的东西基本相似，差别就是其中很关键的5%。

香料要熬许多年才加到香水里面去，人也是一样，要经过成长锻炼，才有自己独一无二的味道。

进入瓶颈时的焦头烂额，进步甚微时的心灰意冷，看着别人追剧打游戏心向往之却不能做时的烦躁犹豫，辛辛苦苦学了好久却毫无用武之地的失落和懊丧。

这是我们每一个活生生的人都会遇到过的事。只是这些细节，不能与人言，也无法与人言。

所谓好好生活，学会坚强学会长大，不是说说而已的。不管你现在是一个人走在异乡的街道上始终没有找到一丝归属感，还是你在跟朋友们一起吃饭开心地笑着的时候闪过一丝落寞，不管你现在是在努力着去实现梦想却没能拉近与梦想的距离，还是你已经慢慢地找不到自己的梦想了，都要告诉自己，当你遭遇不公或人生小波折的时候，或许这正是上苍给你设计的通关关卡，此时就不妨好好地享受这个突如其来的意外。忍住有理说不出的委屈和接受不公，扛住一切难熬的事情和艰难。

在这个过程中，你或许会难过，或许会歇斯底里，但只要你熬过去，就都会慢慢好起来。很多年后，当你回忆过去，很多人和事你都会忘记，唯一能证明你存在过的，只有你用力走过的路。

有时候人生真是一笔糊涂账，它的可恶之处就在于——某一阶段的风光得意真的决定不了这一生。根本没有什么一劳永逸、一锤定音的美事，能经营好这一生的，必是能持续保持对未来的美好憧憬、敢于作出抉择、有所付出亦有所放弃的人。

一个人能否渡过难关，并不取决于忍耐力，而是取决于他能否明白所有好与不好都是生活的一部分。在生命这条漫漫长路上，没有什么生活可以脱离现实，并且一切忧伤难过都是可以度过的。

我们所经历的所有那些跌宕起伏又难以描述的困苦和孤寂，都像是在茫然无措中的拔节成长，像是在热带森林里的奔跑，从荆棘丛生的缝隙中瞭望远方美景，跋山涉水，不分昼夜。

请你相信，沉湎在自己的愁绪与忧伤里，陷在你湿漉漉的漫长的青春期无法自拔，都是最无用的。人生像是场血流成河的战争，而你需要关心和思考更广阔的世界，然后，不断地蜕变、成长。

永远不要用你的过去判断你的未来。

如果你还没有得到你想要的，不要灰心沮丧，不是你不配，而是你值得拥有更好的。所以耐心些，给好运一点时间，别畏惧暂时的困顿，即使无人鼓掌喝彩，也愿你全情投入，优雅坚持。

总有一天，你不再心灰意冷，也不因为憎恨抱怨。那种感觉，像平静的水面，知道太阳底下必定波光粼粼，知道弯弯曲曲流向何方，懂得波澜都不过是一种必经，藏在水平面之下。

你开始明白，你所想要的是什么样的生活，你想要成为什么样的人，更为重要的是，你要怎样才能获得通往幸福的通行证。你会站在最亮的地方，活成自己曾经渴望的模样，在喜欢你的人那里，学会了热爱生活；在不喜欢你的人那里，学会了看清世界。

成长的路上，都有一段在喧嚣的世界里与自己死磕的时光。这段时光是寂寞的、是较真的、是与将就和坠落绝缘的。

那些感觉撑不下去的时刻，就再忍忍吧，就再想想办法吧，痛苦和艰难都只是山洞里呼啸而来的一阵风，它能吹倒你，却不能真的让你失去生的希望。

这个世上没有什么是两全其美的，也没有成功人士鼓吹的生活和工作的平衡，人生就是取舍。取一条路，舍一条路。要么熬，要么忍。

起落不定的人生之中，巅峰未必谁都拥有，低潮人人都蹚过。这段路永远是最费劲最磨心的，但它一定能带你通向新的海拔。

17 你不是不勇敢，你是见识太少

很多时候，我们的选择并不是内心的声音，只是对安全感的向往。比如并不想赢，只是怕输；比如并不是爱，只是孤独。许多人都在这种中间状态里，并不舒服，又不敢怎样。

-01-

邻居家的小妹妹6月的时候大学毕业，在本地的一家小公司做文案工作。年底我回家过年，她来找我聊天，与其说聊天，不如说是倒苦水。

虽说公司规模不大，但人事倒是复杂得很。每天工作8小时，有6个小时都耗在职场暗斗上。她年纪最小，开会没有发言权，好的想法根本没有提出的机会，每天做的就只有收发邮件，打印复印。

“过完年就是招聘旺季了，可以换一家规模大一点、体制更完善的公司。你都不想离开家，去一线城市试试吗？资源是这里不能比的，而且每个人都忙着提高自己的业绩，没空钩心斗角也挺好的。”

她立刻摇头，说：“我有几个去北上广的同学，过得都很辛苦，租的房子破破小小的。大城市竞争压力大，感觉不适合我。”

我追问：“你都还没去到那个环境，没试过怎么知道自己承受不了那个压力呢？”

小姑娘噘着嘴，还是摇头。

我们找五花八门的借口，其实都只为了维护自己原地踏步的舒服。

昊然去了深圳。在很多人看来，他这次选择深漂显得有些作死，但我知道他一定是想好了才决定的。昊然一直和他姐姐合伙经营一家装修公司，盈利情况一直还不错。

很多同学羡慕他，年纪轻轻也算是小老板，没必要出去折腾自己，说他“头脑发热，年少冲动”。可昊然最终还是选择离开家，去外面试试。

年初的时候我去深圳，约了昊然碰面。说起当初离开家这个决定，他说：“我只是不想一辈子当个装修监理，我怕现在不走，以后就更没机会走了。我就是想知道，自己还能不能做点别的事。”

买一张南下的车票只需要几十秒，但可能是他好几个失眠夜晚深思熟虑的结果。

在相同的成长环境中，总有人因清醒自知而走得更快更远。每个人的手中都有一把锤子，就看你有没有勇气去敲开你面前的那堵高墙。

留在家还是去远方，我们每个人都经历过那个阶段。即便网络上大肆讨论要不要逃离北上广再或者出国留学是否孤独难耐。

实际上，那些目标明确且不可动摇的人根本没时间理会这些讨论，也顾及不上那些挣扎、矛盾和痛苦，因为他们不会逃避自己内心的声音，不会放弃想要追寻的人生。

至于那些没有勇气，借口多或舍不下安逸的人，别人做再多劝导剩下没有勇气的或者贪图安逸的人们，也无须多做劝导，一篇文章、父母的一个电话就足以成为借口，让他们回到家乡，过上稳定的生活。

世界变得太快，别人都在一路飞奔，如果只有你止步不前，因为啰里吧唆的理由给自己找借口逃避学习和积累，你不仅会被同龄人甩在后面，以后更会有大批大批的后来者超越你的水平。那时候再后悔，就真的晚了。

- 02 -

我在网络写作课堂认识了一位做自媒体的姑娘，去北京的时候我们在一起聊做公众号平台的事。

我们聊到很晚，在回酒店的路上，我说："其实除了写文，我还有别的事想做。"

"比如呢？"

"我想开一个分享美妆和服饰搭配的公众号。闺密在杭州认识几个比较靠谱的厂家，她想和我一起做少女品牌的服饰。"

"听起来挺不错的，那就去试试啊。"

"可是我对新领域完全不懂，怕做不好，而且我年纪也不小了……"

"你回去好好休息，明天我带你去个地方。"她说完朝我眨了眨眼。

第二天，这姑娘带我去看演奏会。

其间，她指了指台上拉小提琴的人说："你看她，那是我闺密。她毕业后就进了国企工作，整天坐在办公室，好像一眼能看见30年后的生活。"

"后来呢？"

“后来她辞了职，因为这事和父母吵了几次。离开家后她去了维也纳，去学习小提琴，基础学习加进修，一学就是5年。她说她小时候的梦想就是穿着长裙，优雅地站在台上拉小提琴。她害怕自己在整日重复的无聊工作中慢慢老去。”

“那她蛮成功的。”

“因为她没把自己困在原本的框里。她今年30岁了，这几年家里催婚催得紧，身边的朋友、同学的喜酒喝了一拨又一拨，可她不急，她说自己要去追寻自己想要的生活，其他的命运自然会给她安排好。”

演奏结束，乐团在台上谢幕。那位拉小提琴的姑娘眼睛里好似闪着光，完全没有大多数30岁女人的疲态。

别拿年纪给自己设限，衡量人生好坏的标准从来都不应该是你是否在某个年龄做没做某件事，而是你是否实现了自我，是否过上了自己期许的生活。

什么现世安稳、岁月静好的，跟20岁的你没关系。蠢蠢欲动，趁早行动才是你的标签。

年轻可以提供大胆和看上去并不实际的梦想。年轻最吸引人的地方，就是在于对未知的一切，还有更多的可能性，还有许多的想象力和更多好奇。

人这一生最酷的状态，不是一夜暴富或嫁入豪门，而是敢于摆脱别人的期待，找到真正的自己。

勇气这东西很微妙，它可以一辈子沉睡在你的心里，好像不曾拥有过它，也可以改变你的命运，成为你一路披荆斩棘的搭档。

不做挣扎的人生太过于可怕，由于对人生的无法预见，让我们胆怯，不敢选择。而当这条路终于被我们走出来的时候，你才会发现，很多事情根本没有想象中的那么艰难。

不给自己设限，去尝试那些陌生的、新鲜的又何妨呢？高山，若总不去攀登，那就永远只能是高山，终生仰望，若征服过，便成为你脚下的一方尘土。

很多时候，生活就是这样，你给它机会，它才会给你风景。

那些偷偷溜走的时光，催老了我们的容颜，却丰盈了我们的人生。青春的可贵，并不是因为可以肆意妄为，而是那颗盈满了勇敢和热情的心，不怕受伤，不怕付出，不怕去爱，更不怕去梦想。

我们这一生，总有些心意或者感受，是要自己体会的。长大后，最勇敢的一件事，大概就是不满足那种安逸的状态，最好的状态就是愿意去尝试，也不怕尝试所带来的任何后果。

如果有天我们湮没在人潮之中，庸碌一生，那是因为我们没有努力要活得丰盛。

想起《七月与安生》电影里的一句话："过得折腾一点，不一定不幸福，就是太辛苦了。但其实女孩子不管走哪条路，都是辛苦的。"

没人能保障你循规蹈矩就能一辈子活得安稳没有难题，那不如赤手空拳趁早把生活折腾成你想要的样子。

18 所有听过的道理，只有配上行动才有意义

没有谁和谁的差距是一天之间就形成的，真正拉开差距的，或许真的不在起跑线，而在于每一天、每一个小时里你为自己作出的选择。

－01－

微博上看见一段话，是说：最厉害的人是那种说睡觉就睡觉、说学习就学习、说不玩手机就不玩手机、说不玩游戏就不玩游戏的人。

我深以为然。

我最近遇到两个跟我抱怨没有时间做自己喜欢的事的“九五后”。

一位是我的朋友，他有天兴冲冲地问我最近在读什么书，要书

单，我很乐于将自己喜欢的书推荐给他。对于读书这件事，我一直认为阅读本身就是一件很好的事，至于你喜欢读小说，他偏爱啃传记，其实都无所谓，对自己胃口就好。

上周我听说市图书馆要举办一场阅读分享会，便打电话给这个朋友问他有没有兴趣参加。谁知他在电话里抱怨道："上次你推荐给我的书我都买了，第一本也才翻了两页，哪敢去参加阅读分享会。我最近实在是没有空，下次吧。"

"嗯，好，那再联络。"我笑着应和着。

另一位是舅舅家的表弟。前些天逛电子商城，碰见正在挑笔记本电脑的表弟。我看了一眼表弟那被皮带勒得格外明显的赘肉，逗他："听说你办了健身卡，怎么，是不是私人教练不够美，让你没动力去健身房呀？"

表弟不好意思地挠挠头："姐你别逗我了，我最近忙，才没抽出时间去健身房。"我没再接话，因为翻翻他的朋友圈就知道，和朋友一起去钓鱼、陪女朋友看演唱会、游戏又通关了一级等。他不是真的忙得一点时间都没有，只是他不想去做罢了。

我想表弟和朋友并不是个例，包括我自己在内，大部分人缺少的不是想法，而是行动力。

“双11”线上书店折扣不错，我们囤了好几百元的书堆满书架，满脑子都是自己在知识海洋里欢快遨游的身影。我们在心里计划每晚要阅读2小时，一周要读完一本书。我们在朋友圈看到有人从130斤瘦身到90斤，纤细的胳膊和腰身让人忍不住羡慕。马上上网搜来减肥食谱，下载减肥 App。

然后呢？第二天下班回来觉得有点疲倦，比起读书，比起做平板支撑，还是靠在沙发上，吃吃薯片、刷刷微博、追电视剧更舒服。

时间是宝贵的，也是公平的，不管你是谁，每个人的一天都只有24小时，然而尽管如此，依旧有人觉得时间短暂，根本不够用，而有的人总能争分夺秒，合理有效地把握住生命里的每一分钟。

以忙为没时间的理由，其实通通都是自己不去行动的借口罢了。你要的不是崭新的开始，你需要的是行动，从而转向一个新的结局。

毕业那年班级同学出来聚餐，班长带着女朋友一起来参加，聊起毕业后的打算，这女孩说自己准备考政法大学的研究生。一桌人接茬：“班嫂果真是学霸体质”“前途无量啊”，但其实大家心里想的可能是“真敢吹牛啊”“考不上可就丢人喽”。

所以，当一年后我们得知这女孩不仅通过了分数线，还是报考专业第二名时，心里是不能不感叹的。群里更出现“羡慕”“实现理想”“意外”这样的词。班长说这一年，他忙着投简历、通过试用期，女孩则每天早4点到晚12点泡在自习室，做过的模拟题摞起来比她人还要高。她说过的话，在后来的每一天都付诸行动。

我们艳羡于他人的成功，是因为我们也想变成那样。可大多数人还是在惧怕中拖延和焦虑，不愿静下心来好好努力。

把不顺心怪给水逆，把努力交给鸡汤，把运气交给转发锦鲤，然后对自己说“听过许多道理，但依然过不好这一生”。嗯，这样的人生，过得不好是正常的。

这个世界有它不容置喙的规则。所有的成功，都属于行动派，不属于空谈家。因为爱与机会，都只眷顾那些热气腾腾、正在奔跑着来迎接它的人。

- 02 -

微博后台常收到姑娘们的私信。

比如，毕业后想工作赚钱又担心自己能力不够，想考研但是觉得很累怕自己坚持不下来，你有什么建议吗？比如，一个月读完几本书比较好呢？再比如，我想报个速记班，以后会有用吗？等等。

说实话，我很开心有人愿意相信我，听我的意见。可是对于这类私信，我也感到无奈。

长你们几岁的我能有什么锦囊妙计告诉你呢？别人的意见和建议，最大作用就是供你参考。不管是择业还是考研，只有你自己亲自去准备、去学习、去深入其中才知道自己想要的是什么，才知道适不适合自己，不是吗？

荷马史诗《奥德赛》中有句至理名言："没有比漫无目的的徘徊更令人无法忍受的了。"

生活的可怕之处就在这里，有些人可以安于现在的生活，不自卑不敷衍，也能够很好地淡然地生活下去。有些人想要去远方，想要生活热烈，不疯魔不成活，虽然累倒也活得值得。可尴尬就尴尬在，大部分的人活在另一种不上不下，不知如何是好的生活状态里。

如果说，一个人的想法是0，执行力就是1。从0到1，是最关键的一步。没有这一步，你永远是0。

你一直停滞不前，一直不肯迈出那一步，那么你将注定迷失在时间的洪流里。

想法只是一个概念，让它落到实处，才是关键。只想想是不能送你到目的地的，让你的人生真正有效的，是你自己踏踏实实的行动力。

不论是缘分，还是时机，不是自动找上门的偶然，是带着恳切地盼望作出的无数选择。创造的奇迹般的瞬间、毫不迟疑地放弃和当机立断，才制造出了时机。

被动的结果绝不仅仅是某一次的失去，而是长期的生存困境。你对即将发生的一切都毫不知情，也不愿打破这虚假的和平。看似安安稳稳，实则身处在一个充满着偶然性的世界中，危机四伏。

这个世界如此不靠谱，我们唯有把自己变得靠谱一些。一旦有了想法，就把想法实施下去。别再把想和做混为一谈了。思考和行动之间的距离远超过我们的想象。选择自己命运这件事，你要现在！开始！马上！行动！别让它一直搁浅，直到成了你心中的伤。

没有谁和谁的差距是一天之间就形成的，真正跟别人拉开差距的，或许真的不在起跑线，而在于每一个周末、每一天、每一个小时的不同选择。

行动力是每一个普通人都应修炼的必备生存技能。

没人知道未来会怎样，这世上也并不是付出了就一定能收获，但只要用功一天，你的人生就会好过昨天，即便最终并没有预想得那么好，那也好过什么都没开始做的最初时光，只有行动才能决定下一秒你的未来。

我想，当有一天，你在读过励志鸡汤，放下书后愿意起身去实打实地做。那时你听过的道理，才真的能支撑你过好一生吧。

对于那些两手一摊，还深信“我想要的岁月都会给我”的人，我只想说一句：您快别做梦了！

不要用战术上的勤奋掩盖战略上的懒惰。

假装努力最尴尬的点就在于，

因为做不到真的努力，

却又想安慰自己真的有用功，

于是只好营造出努力的假象。

可实际上，你欺骗的只是自己。

19 你是真的向往远方，还是想要逃避当下

许多人说厌倦了眼前的生活苟且，无非是讨厌当下的自己。不妨尝试着把普通的事情做到极致，或许有一天，你会惊讶地发现，曾经以为难以忍受的苟且，会赫然变成梦中的远方田野。

-01-

再见到 Bella 的时候，是我去机场接她。她拖着几个行李箱，灰蒙蒙的脸色加上满身疲惫。Bella 的嘴角挤出一丝勉强的微笑："亲爱的，我终于知道什么是理想很丰满，现实很骨感了。"

我脑子里突然闪出一句话：一直以为人是慢慢变老的，其实不是，人是一下子变老的。

一年前，Bella 工作中遇到瓶颈，又受困于和同事之间的隔阂，再加上工作多年未曾真正休息过，Bella 提出了辞职。

财务自由的她，马不停蹄开始计划起她曾经无数次向往的生活，去大理追求她的文艺梦想。她说她想开一家精致的简餐店，平日里看阳光斑驳的古城，路上有安逸的行人和猫，偶尔摄影采风，跟来往的游客聊聊见闻，听听他们的故事，然后记录下来整理成合集，余生就那么闲散自在地活下去……

当 Bella 跟我描述这一切的时候，她的眼睛里闪着光芒。那时我有种想哭的冲动，从内心里佩服她有勇气去追求“诗和远方”的生活，放得下现有的生活，抽身于城市的车水马龙，空留在鸡飞狗跳中挣扎、在日日苟且中的我们一脸的羡慕嫉妒恨！

送别的时候，她跟我说：“我会把在那里听到的故事写下来寄给你看，留作你写作的素材。”

那一刻我有点不舍和伤神：“等我空了，去大理看你。”

我以为再见她时，会是在大理的某家小店门口，细碎的阳光在她的头发上跳跃，微风淘气地吹起她的裙角，她怀抱着喜爱的猫咪，听歌、写诗，文艺清新，与世无争。

一年后，她又重新投身到被我们反复吐槽的繁忙之中。

Bella 说，自由舒适的日子过久了，与繁忙焦躁的日子过久了结果一样都是厌倦。阳春白雪的纯粹享受多了，下里巴人的狗血生活反而莫名让人怀念起来。那些公司里的明争暗斗，为一个项目操碎了心，拼尽全力的充实感，和其他 team 的明争暗斗，想想都让人热血沸腾。

书上没有骗人，大理确实很美，但当你日日生活在那里才会知道，生活的琐事并未减少。盯装修、拉客户、注册登记、操心水电。而且那里老旧的木质楼梯板在你踩下去的每一步都会发出“咯吱”的声响。由于文化的差异，和当地人的沟通是件很头疼的事。饮食的差异短短几个月就把 Bella 的肠胃折腾出了毛病。

当我们看到书上写着“这一生要来一场说走就走的旅行”，“一定要去一次西藏或云南”；当别人说着“所有的财富、权力都是过眼云烟”“要做就做一个岁月静好、与世无争的人”时，我们误以为岁月静好就是这么简单。

或许很多时候，并不是理想和现实的问题，而是我们根本不知道自己内心真实的需求。我们在书里和电影里看到怡然自在远方，你以为那是你毕生追求的生活理想。

但其实，大部分人需要的仅仅是，当对现状不满又无能为力时，一个短暂的避世。去度个假而已，别把它当成你的另一种人生。

存在于你想象之中时，你会不停地去美化它，当你得不到时，你就会不停地继续美化它，无限地扩大那种美好，等你真的去实现它时，也许等着的就是死水一般的无聊。

- 02 -

我也有不少奔波在北上广的朋友，偶尔也会有冲动说想要辞职四处看看，像那些环游世界的人一样充满勇气和信念，看着纪录片里那些惊心动魄，心里充满了向往和羡慕。

但转念又一想，辞职后短时间里自己就没有了经济来源。想想这几年除了坐办公室也没有修炼出更多的生存技能，更别提吃苦受累。这样一想，放心出去走走的经济保障似乎并不具备。

歌里唱着：生活不只眼前的苟且，还有诗和远方的田野；公众号里写着：只要你想，没有什么不可以。

可是环顾周围，能做到的有几人呢？我们都不是少数派，我们都是芸芸众生中普通的一员，我们不是惧怕付出，而是害怕付出之后没有自己想要的结果。

如今朋友们聚在一起，很少再谈论自己对未来的梦想，即使是当教师的、搞音乐的、开咖啡店的、做导演的，越来越多的人讨论的都是关于收入、房子、理财这些问题。

自己的能力和周身的牵绊不允许我们逃离现在的生活，又明白所谓的逃离根本不具有解决问题的实质作用，于是只能作罢，依然守着自己的工位默默不甘心。

于是，我们焦虑。

许多人总说眼前的生活苟且，无非是讨厌当下的自己。所谓的一切随缘，看似豁达洒脱，其实是懒散和逃避。现实难免单调和充满压力，嫌弃生活的枯燥却止步不前，诗和远方便永远是个空想。

你苦苦寻找生活的意义，当下没有给你答案，不是换一个地方生活就会豁然开朗，也不是走到天涯海角就真的到了世界的尽头。唯一的办法，是于人生困难纠结处为自己寻找到一个出口。因为人生不会一键重启，只能选择迂回和继续前行，偶尔在自己的出口里自省、发现，别总是想着逃避，谁都逃不掉。

把“不幸”这个黑锅丢给命运是容易的，可问题是你要分清楚哪些是自己的事，哪些是老天的事。面对不如意的当下，你得先尽力。不妨

尝试着把普通的事情做到极致，或许有一天，你会惊讶地发现，曾经以为难以忍受的“苟且”，会赫然变成梦中的远方田野。

为了达成自己的人生目标也好，为了财务自由也罢，总归是年轻就该有年轻的样子。在职场里大展拳脚，为梦想孤注一掷，品过生活的艰辛，面对现实的碾轧，一点点为自己的心建起堡垒，为自己的生命磨出厚度。

当你很确定自己想过的生活，还有一件能打发余生并乐在其中的事可以做，那就算偶尔被烦恼打扰，你也知道，让自己的心沉淀下来，生活就是当下，就是此时此刻。

从前我欣赏那些离开喧嚣的人，现在反而钦佩在闹市中还能保持内心宁静的人。

他们在人声鼎沸、血雨腥风的江湖中自顾自地行走，内心如有一汪小溪在流淌，叮叮咚咚。

生活总是艰辛，日子依然漫长，你和我都是时代洪流里非常微茫的存在，但是再渺小的个体，也要活得敞亮、自在，散发着光芒。

愿你出走远方，归来不再彷徨。

20 你与什么样的人在一起，就会变成什么样的人

一个人有没有遇到真爱，看他最近的脸色就一清二楚，如果他印堂发黑，两颊无光，不是撞鬼就一定是爱错对象了。

-01-

有次朋友张罗一起看电影，本来那段时间工作压力爆表，情绪有点丧，想不到看完电影《美容针》后，心情低开高走，莫名开心了起来。一起观影的朋友们也是边笑边感动。

晚上回家后，刚巧看见有公众号推送关于这部电影的影评，其中“原来一个女人被喜欢的人爱着，不用整容，颜值也会突飞猛进”这一句让我印象深刻。

电影里的女主角李堂珍在遇到真爱前，是个心怀浪漫但不修边幅、衣着邋遢、面容憔悴的女作家。

因为事业不顺，生活拮据，感情空白，她眉眼间透出的都是苦涩和沧桑，像一潭死水，扔进块石头也激不起一点水花。

我暗暗揪心，这不就是一个大龄女青年穷途末路的真实写照吗？

日复一日的乏味生活对于她，仿佛只有每天玩游戏和写作才能带来些许滋味。因网络游戏意外结缘男主角，误打误撞上演了一段笑料不断的欢闹爱情。这段经历同时也顺带将她从尘埃中拉出，她丢弃了原来的邋遢，学会了适度打扮，身材更加紧致，眸子里闪着精光。

不管电影情节是否有夸张的成分，我们都不能否认，对于女人来说，被喜欢的人爱着，才是最好的美容针，面膜都能省了几盒。

原来爱对了人，我们才会更懂得爱惜自己，愿意在细枝末节里让自己变得更加高贵和美丽。

– 02 –

在现实情境里，最怕的就是明明知道对方不够爱你，可你就是不愿放手，还一意孤行地任凭他消耗你，活该你过得越来越苦，长得越来越丑。

如今的阿鹿，站在般配的未婚夫身旁，让人在人群中一眼便能记住。得体的轻熟风裸色长裙，高高盘起的发髻，自信甜美的笑容让她看上去仿佛被一圈光环笼罩着。没几个人知道，两年前阿鹿和男友分手时，心如死灰、形容枯槁的样子。

阿鹿和前男友是在朋友聚会上认识的，男孩可谓花样撩妹高手，在情感方面几乎是小白级别的阿鹿未能招架住。

巧在阿鹿和前男友在同一栋写字楼里上班，可是上下班的时间，男友从不同阿鹿一起出行，说是被同事看见不方便，却几次被阿鹿碰见他同其他女孩子说说笑笑一起出入大厦。

可这并未动摇男友在阿鹿心里的位置，早起为男友熨烫衬衫，下班为他买菜烧饭。把自己买包包和护肤品的钱省下来为男友添置新衣。短短几个月，阿鹿把自己弄得油光满面，蓬头垢面，像是结婚多年为家操劳的中年妇女。

只可惜，即便是这样，男友也并没对她更加疼爱。反而在撩妹的路上越走越高调，阿鹿和同事几次在写字楼附近碰见男友与不同的女孩子态度暧昧。

几次大吵之后，阿鹿和男友分了手。一帮朋友去酒吧陪她，昏黄的灯光下，她一把眼泪一把鼻涕地问我们，为什么自己的爱情这么倒霉?

那时的阿鹿像极了《欢乐颂》里的邱莹莹，谁不让着她，她跟谁急，谁当着她面刺她，她就跟谁绝交。脆弱、敏感、神经质。

那时候我心里感叹，以前阿鹿那么可爱迷人，后来却越来越像怨妇，连带皮相也越发不顺眼。

一个人有没有遇到真爱，看他最近的脸色就一清二楚，如果他印堂发黑，两颊无光，不是撞鬼就一定是爱错对象了。

庆幸的是，阿鹿早已从那段折磨不堪的感情里走了出来，活出了如今幸福的模样。

被对的人爱着，他一定是希望看到你发自内心的笑。会因为不想看见你难过，选择让步和妥协。会包容你偶尔的小情绪、小任性。会在你受到委屈的时候，努力为你多做一些事，让伤害减少一些。

世界上没有不会哄人的男朋友，只有不够喜欢的感情。也没有不能改变的原则，只有不愿为对方付出的自私。

无论你曾经有多落魄、多心酸，只要你遇见了对的人，落魄和心酸都会消失殆尽，取而代之的是溢于言表的幸福，而那种幸福感，是无论如何都掩盖不了的。

爱情是一个光明的词，被一只光明的手写在一张光明的册页上。但如果你喜欢的人并不爱你，那你的爱情就是黑暗的，连带你的脸蛋也是晦涩无光的。

心心相印的爱情，才是你永葆青春的防腐剂。

- 03 -

蔡康永说：不要去爱那个本来就很美的人，而去爱那个能使你的世界变美的人。

我们向往美好的对象，甚至为了他甘愿消磨自己的人生，为了能够得到对方，我们不断地放弃，斩钉截铁地放弃，最后连自己也被放弃。却不知道，真正的爱情，并非以一方的牺牲为成全另一方的条件，而是携手共同看见更美的世界，探索未知的风景。

我们必须选择释怀过去，忘掉那些曾辜负你一片真心的人。爱情这件事，勉强不了，住不进你心里的人就放他走，你走不进的世界提前掉头。释怀了过去，才能清醒地意识找到下一个肯为你付出真心的人。像是每一杯普通的水，和喜欢的人在一起就会变成雪碧。

他的胳膊轻轻和你碰到，你心里的气泡就会窜到嗓子，甜甜的，还亮晶晶的，好像喝下了整条星河。

当你爱对了人，他会明白你的喜怒哀乐，他能深谙与你的相处之道。他明白你的脆弱与敏感。当你身处在这样的爱情之中，你会像个孩子一般时刻充满好奇和动力，你似乎看见了新的世界。你重获乐观的心态去面对生活，不再需要孤身一人，也不需要为谁彻夜流泪。

你要做的就是在甜蜜的生活中让自己过得更加精彩，并且相信，当你感觉自己越活越年轻时，毫无疑问是爱对了人的。

真正喜欢你的人，无论你是哭泣着、微笑着、皱眉着，或是假装生气着，他都会喜欢你，只要是你的样子，他都会收在心底。我们一直不断寻找的，不过就是这样一个永远都会原谅你、宠着你的人罢了。其实真正幸福的标准很简单，只要笑容比眼泪多，你就找对人了。

一个人过得好不好，有没有被爱、有没有被呵护，看脸便一目了然。表情不会骗人，妆容不会骗人，举手投足间的状态更不会骗人。

好的爱情会让人光鲜靓丽、光彩夺目，不好的爱情会让人形销骨立、形容枯槁。有没有爱对人，真的只要看你的脸就知道。

毕竟好的爱情，是情人之间的全效面膜。

年纪小一点的时候，我们理解的爱情，是天雷勾地火，是不死不休，是相互纠缠撕扯的一次晕头转向。

长大后才发现，真正对的那个人，应该有势均力敌的气力，让彼此看到生活的平静与欣喜。

21 愿你用情至深，也保留爱自己的底线

别气急败坏地抱怨命运给你的生活安插了一个浑蛋，那明明就是你自己面带笑容、深情款款地往坑里跳的。

-01-

算命先生说赵姑娘7月的时候红鸾星动。赶巧的是，刚入7月，还真有人给赵小姐介绍男朋友。听说男孩在国外读完法律刚刚回国，长相俊朗，家境殷实。

于是，万年单身狗赵小姐终于脱单了。每隔一段时间，死党们自然要八卦一番。

有一天赵姑娘在群里没头没脑地发了一句："我以前怎么没发现

自己这么差劲啊，从前你们怎么不提醒我呢？”说是群，也不过是5个闺密组成的小群。赵姑娘突然这么一句话，着实惊了我们一下。

赵姑娘虽说不是什么富家小姐，但凭着自己的努力如今也是资深白领。找男朋友也是有着自己内心标准的，而且她可是我们几个里第一个敢穿露背装的姑娘。她的毕业论文都是关于女权社会发展的。

到底发生什么了，会让这么一个自信的姑娘说出如此否定自己的话？

赵姑娘给我们介绍了一下她这位“优秀”的男朋友。

赵姑娘发了几张美美的旅行照给对方，对方只回复一个笑脸的表情；赵姑娘说自己喜爱南方菜系，有家新开的餐厅不错，想去尝尝，对方回了句：哦；赵姑娘说约他去看电影，对方不是加班没时间，就是下班要聚餐；赵姑娘在午休的时间去找他一起用餐，对方却说自己不在公司，其实那个男人明明就坐在休息室里打游戏。

爱情这幕对手戏，完全变成了赵姑娘自导自演的独角戏。你把自己的退让当成一种爱，如果一份爱情让你变得小心翼翼，那终究你会失去它。

对方已经把你的一片真心撕得七零八落，你却还在一次次低声下气、忍耐迁就，双手捧上那颗被卑微笼罩的真心，含情脉脉地说：

“我在这里，你看得到我吗？”可对方呢，应该甚至连眼皮都懒得抬一下吧。

别气急败坏抱怨命运给你的生活安插了一个浑蛋，那明明就是你自己面带笑容、深情款款地往坑里跳的。

赵姑娘一米七的身高，虽不是细腰不盈一握，但也是匀称有型。有次难得两人一起逛街，赵姑娘满心欢喜地穿了一件很称肤色的红色吊带连衣裙去赴约，对方看到的第一眼，说了句：“原来你喜欢这种乡村颜色啊。”这条裙子赵姑娘再没穿过，被她挂在衣柜最里面，并被她在心里贴上了“羞耻”的标签。

由于工作压力大，赵姑娘的额头上偶尔冒出几颗痘痘。对方便一脸嫌弃地问她，可不可以下次见面之前化好妆。

一姐妹怯怯地问道：“这哥们不是在玩幽默吧？”

赵姑娘犹豫了一下：“我也不知道，可他昨天还批评我背的包包难看，口红色号不适合我。不管是不是真的，我心里是真的不舒服啊。”

我实在是听不下去了，忍不住打断，“人家嫌弃你都这么明显了，还问真的假的。”

姐妹们一下安静了下来。

恕我直言，这种喜欢用语言暴力打压你来获取自我优越感的男人，你离得越远越好。

对方喜欢齐耳短发，赵姑娘剪掉了心爱的长头发；他喜欢打游戏，赵姑娘盘算着给他买个什么样款式的鼠标和键盘玩得更灵活；对方喜欢运动鞋，赵姑娘托朋友从美国直邮一双限量版球鞋送给他。

尽管她做了这么多事情啊，对方对她依旧是不冷不热的态度。在朋友面前，还摆出一副高高在上的模样。

几个月以后，赵姑娘对我说："我决定分手了，我觉得自己好累好累，像是快要窒息了。"

我想，赵姑娘一定是彻底寒了心，才知道什么叫作"自作多情"。

-02-

一个人若是心里有你，你根本不必讨好；若是心里压根没你，那更加不必。只有在喜欢的人也很喜欢自己的时候，才可以把姿态放低，低到满地打滚，他也会跟着你打滚。如果不是这种情况，那么姿态越低越可笑，两个人都尴尬，坐也不是，站也不是，搞不好你满地打滚的时候，人家只当你是扫地机器人。

不对等的恋爱关系，说到底都是深情的那个人赋予对方的权利。爱情虽然没有绝对的公平，但长期严重失衡一定是不会长久的。不想下半辈子都活在自卑的阴影里，就赶紧远离那些不欣赏你的伴侣才是上上之策。

永远都不要踮起脚去爱一个人，一开始就重心不稳的感情，迟早是要垮掉的。与其厚着脸皮，忍着性子去取悦一个不可能的人，还不如忍着痛放手，成全他也成全你自己。

别再信“不放手的才叫真爱”“爱一个人就是卑微到尘埃里”这种话，在现实的爱情里，即便是你卑微到尘埃里，也开不出一朵花来。

爱情不是一件通过努力就能实现的事，你再怎么取悦迎合也填不满感情的无底洞。爱情很美，世界也很好，但如果你身边站错了人，那你的全世界也就都错了。

父母辛苦将你养大，可不是为了让你在一个男人面前委曲求全、痛苦不堪的。你在父母的宠爱里长大，你要找的，也是一个能给你呵护，懂得欣赏你的人。

你只有在这样的感情中才能真正成长起来，通过这样的感情来感受到这个世界的美好，他会让你懂得如何看清自己，进而完善自己，变成越来越好的自己。

感情里大家都明白“实在不行就算了”，只是通常很难解释什么叫作“实在不行”，对有的人来讲，不能受一丝丝委屈，如有怠慢，便是不行，而对有的人来讲，哪怕忍无可忍，亦觉还行，尚可再忍。

姑娘，你喜欢的人也是凡人，是你的喜欢为他镀上金身。切记不管你爱上谁，都不要在感情过程中忽视了自己的内心，忽视了自己在这段感情当中是否真的获得了快乐。

如今，一大堆姑娘火急火燎地在“结婚”这个圈里横冲直撞，头破血流。

心满意足地领证后，某天在油烟弥漫的厨房里或是孩子的哭闹声中才突然回过神：婚姻不过是一纸证书、一座坟墓，更可怕的是还有人要来盗墓。

明星出轨的话题已经让我们越来越麻木，爱情在快餐社会如此岌岌可危，可是很多人还是不懂得：并非爱情不让人信任，而是能让一段感情幸福的，应该是你们够不够合拍。

我们终其一生，内心里都在寻找一个“最适合的人”。有些人很幸运，很早就找到了，有些人还在不停地寻找。如果感情一次次失败，你质疑的不再是缘分，不再是际遇，而是怀疑自己，是不是自己太差劲了，才让那么多感情付诸东流。其实不是的，你没有哪里不好，只是还没等到那个和你契合的人。

谁爱谁多一点少一点，都不如和一个相处舒服的人在一起。喜欢和适合从来都没有冲突，只是两者皆得较难，却也不是不可能。

所以，你和谁结了婚，又和谁谈了场无疾而终的恋爱都没关系。重要的是找一个适合自己的人，这样才能在漫长的余生里共度也不会觉得费劲。

愿你用情至深，也能保留爱自己的底线。

22 和环境格格不入时，也要结出果实

栽在梨园里的苹果树，也要努力结出苹果。除非你遗世独立，不食人间烟火，否则不要把那一张“反正我最酷”的嘴脸搬上台面，因为没人稀罕你做自己。

-01-

软软来找我诉苦：“人际关系好麻烦，一想到还要工作40多年才能退休，好扎心啊。”

软软在一家媒体公司上班，当初凭借扎实的专业功底和细腻的文风顺利通过试用期，跟办公室里的几个资深编辑一样，独立运营着公众号和大V微博。

虽然文字编辑和策划的水平多次得到老板的认可，可她仍然给自己报了很多课程，从 PS 调色到插页配图，仅仅两年时间把自己从一个职场小透明升级成了全能高手。

没有老板不喜欢上进的员工，在原来的主编跳槽离开后，软软成功接替了这个位置，成为公司有史以来最年轻的主编。

当然，问题也是从那个时候开始的。

软软发现编辑每周提交的选题不是老调重弹，就是迎合热门话题博人眼球，完全没有自己的风格和立场。虽然公众号订阅者不少，可是阅读量迟迟上不去。软软利用下班后的时间将自己发现的问题做了详细的报告，提交给了老板。

没有想到老板反应平平，并没有表扬和支持软软的想法，还对软软说："办公室几位编辑的身上都有你值得学习的东西，你要多多讨教。"软软听得一头雾水。

得不到老板的支持，软软想着只能自己亲自来做这件事。从选题到内容到配图再到推广，软软几乎每天都加班到半夜，生生把自己累瘦了5斤。

软软是忙得不分白天黑夜了，负责选题的其他同事的手头自然闲了下来。最让软软受不了的是，其他人整天闲得无聊也就算了，凭什么他们看她的眼神里带着厌恶和警惕呢？

几个月后，公众号和微博的阅读量确实有了明显起色。但除了软软，似乎其他人并不关心这件事。更让软软“伤心”的，是老板将她手上负责的工作分走了一半给其他同事，并且暗示进度不需要向软软汇报，直接汇报到老板那里。

“你说我这么努力，为什么老板和同事们似乎都不喜欢我呢？我为公司带来了更大的利益，这难道不该被表扬吗？”她一脸无奈。

“或许是你和同事之间的沟通太少了呢？”

“我觉得自己跟他们都说不通，时间一长，我也懒得说了。他们午餐时间聊聊杂志八卦，我都不想参与。而且还有几个同事在背地里给我使绊子，他们自己不进步，干吗还不想别人好。”

软软说的并没有错，她很努力，她应该得到信任与支持。可是软软只记住了励志鸡汤告诉她“实力就是王道”“只要自己强大就能得到一切”，却不知道我们从书本里走出来，走到接地气的世俗里，有一种东西，叫作人情的往来。

地球离开你照样日出日落，工作离开你还是可以继续开展，前任离开，你不也还是活得好好的。

要对这残缺的世界保持耐性，也别高估自己的完美。人是独立性和社会性的统一，你需要有实力，从而以区别自己和他人。但也需要懂人情，才能融入更大的群体。

- 02 -

相比于软软，嘉佳似乎“聪明一点”。

嘉佳在某英语学校当老师，入职不久后凭借幽默有趣的讲课风格，赢得不少学生和家长的喜爱。许多学生指定要上嘉佳老师的课，这让其他老师颇有微词。但用嘉佳的话来说，这算不上人性阴暗面，不过是正常人的情绪罢了。

嘉佳坚持每天中午与同事一起用餐，积极参与到大家讨论的话题中。有同事说想要控制体重，嘉佳就把自己常去的健身房的优惠卡分享给同事。有同事临时有事请假，她主动提出帮忙代课。有同事不小心弄伤了手腕，她赶快找出自己的药贴拿给同事。

嘉佳并没有把心思都放在人情世故中，每一天的备课她都会做好充足的准备，细致到发音口型。经常把准备好的教案拿给老教师，虚心表示希望能够得到改进意见。

年终的时候，嘉佳不出意外地得到了“最佳员工”荣誉。这次评选采用匿名制，她的出色并没有让周围的人感到反感，这才是最让她高兴的。

世人都爱彬彬有礼，风度翩翩，笑靥如花，端庄优雅。这不是做作或虚伪，而是一个具有常规素质的普通人应有的自我要求与规范。

你做文案的得混个文案圈吧？你做设计的得混个设计圈吧？你只有在圈子里，才能够得到实时有效的信息，你才能瞄到对的方向让自己不断进步。

一棵苹果树也可能生长在梨园，和环境格格不入时，也要结出果实。

很多时候我们觉得自己不合群，其实只是你不想去尝试罢了。你担心这个群体的人不搭理你，你担心被拒绝，但你真的像嘉佳一样，去努力尝试了吗？世界上不是每个人都是你想象的样子。

每一个想变得更好的人，都必须找到某种方法，转变想法和行为。当然，没有什么人是不想变好的，造成人与人之间差距的，其实就是方法论的不同。

别把自己的不合群当成酷，融入圈子也并不是你想象中的那么苦大仇深，或是摧毁个性的机器。学会跻身于一个群体，才是你的成长和突破。

每个人都是一颗星球，看似孤立，但我们无法脱离引力的牵绊，还是紧密地联系在一起。或许你离开周遭的你我他也能生存，但这个世界随时可能忘记渺小的你。

人生这场试练里，一个人想要做出成绩，
只靠单打独斗是不够的。你必须要放低身段，
才能获得他人的助力以成就自己的抱负。
这不是厚黑，也不是认㞞，放低身段，
融入群体是更高性价比的成长方式。

23 不走心的爱情一定会输，不用意外

在两个人的感情世界中，一锤定音的，不是心有灵犀的睿智，不是死心塌地的仰望，更不是套路满满的计较。是心疼、是怜惜，是两难境地里，那一点点无可奈何的舍不得。

– 01 –

借出差的机会与老友见面，恬恬和阿树两个人虽看上去甜甜蜜蜜，可我心里总感觉哪里不大对。似乎是有些甜蜜得过头，让人抓不到真实的感觉。

阿树看着挺实在的，对恬恬也算疼爱有加。那天结束后主动买单，本来恬恬提出要买单，但被他拒绝了。可是过了没多久，恬恬在和阿树分手后和我煲了一次电话粥，我才知道他们两个人伪甜蜜

的原因在哪里。

每当两个人吵架，阿树就会拿两个人谈恋爱自己花费了多少钱来说事，以此来要求女朋友要尽到其他义务，小到吃什么、穿什么、玩什么都要听他的意见。

恬恬并非只知道花男人钱的姑娘，比如阿树买单午餐，可是晚上的电影票是恬恬支付的。有时候我们必须承认，在交往的过程中，有些花费是无法算得清楚的。她已经越来越受不了她男朋友的斤斤计较了，好像花了点男朋友的钱，就必须要在其他地方弥补回来，否则她男朋友就会不高兴，还会在吵架的时候，把他在她身上花过的钱一一说出来。

在阿树第 N 次盘点两人恋爱费用的时候，恬恬提出了分手。她再也受不了自己的感情像是摆在菜市场的玉米、萝卜、小白菜一样被人挑来拣去，讨价还价。

在亲密关系中，有些人特别看重付出回报比，一旦在他心里没有达到平衡，就会觉得委屈、愤懑。所以我常常能听到情侣在吵架的时候，暴露出平时隐藏着的计较。

不知道从什么时候起，权衡利弊、功利算计成了谈恋爱里惯用的伎俩。没有纯粹因互相吸引而在一起，没有纯粹因你就是你而在一起，这种在心里时刻掂量着谁付出得多、谁付出得少的恋爱，想想都挺让人心酸的。

斤斤计较的人不适合谈恋爱，他们比较适合去买菜。余生不和他一起过，你应该谢天谢地。

– 02 –

女伴的聚会里常常充斥着这样那样的吐槽和抱怨。

刚从国外回来的30岁的王小姐与风流倜傥的胡先生谈着不咸不淡的恋爱，郎才女貌一对璧人的他们并没有预期中轰轰烈烈的桥段，却像是棋逢对手的博弈。你这回微信回慢了，我下次就不主动约你吃饭，我那次贴了和帅哥同事的合照，你便三天都没有联系我。

王小姐也没能逃出所有高知女青年的矜持，自尊大于爱情，心里跟明镜似的嘴上却绝不吐露半点。用她的话说："我永远都有资本和时间等一个对的人。"

而即将步入婚姻的C小姐和D先生冷战一月有余，不过是鸡毛蒜皮的小事却谁都不愿意给对方一个台阶，以不在乎和撂狠话来判断自己在对方心里的重要程度。好像两人心里都在较着劲儿，绝不能输了阵势，以免将来大权旁落，后患无穷。

后来，D 先生买了鲜花和礼物站在 C 小姐的楼下，我们以为这次总该峰回路转、和好如初了，岂料 C 小姐在下楼前接到了 D 先生的电话：“你知道我准备这些花了多少钱和时间吗，你怎么还不下来？”本来一脸欣喜的 C 小姐瞬间冷了下去，好像这一切不是为了挽回爱情，而是“我都这样做了，你必须配合”的套路。

爱原本是可以更纯粹一些的，是一场两情相悦的故事，而不是胜者为王的游戏。

心里想着春风十里不如你，行动上匹配的却是“等着你来对我好”的懈怠，才是对自己的辜负。

用做生意的谋略来经营感情，以衡量得到的多寡来判断付出的深浅。这一场场“生意”里没有怦然心动，没有日夜思念，没有你侬我侬，有的只是利弊和欲望。即便可以换来一时的上风，却换不来感情的繁荣。有时候，我宁愿你多吃点外卖，也不要吃别人的套路。

- 03 -

不久前，闺密的海岛婚礼昭告于朋友圈。新娘还是那个眼睛弯弯的傻白甜小姐，新郎也还是我们熟悉的带着痞痞笑容的张先生。

情节或许有些平常，相恋于校园，毕业之后顶着各方压力苦苦支撑。中间的争吵、委屈、妥协自然也不会少，但最后时光没有辜负认真对待爱情的人，7年长跑，Happy Ending！

在婚礼上，闺密拿着麦克风，用微微发抖的声音说："我们吵过、闹过，但你一直没有放开我的手，我不确定未来是什么样子，但我知道自己的未来里有你。"

诚恳如此，平凡感人。

如今的每个人好像都太忙，忙得不想花那么多时间去用心考量一个人，不如用一点套路一测就测出是什么心。

还好有这样真实的故事，会让人在对爱情失望的时候又燃起一点希望。这世界上钱买不到的东西太多，比如幸福，比如爱情。再多的金钱买不回一颗真心，再多的套路抵不过一句珍惜。我始终相信，命运也会拉着傻白甜小姐的手，对她说，你值得所有的好风光。

有些人将"爱情里，一旦认真你就输了"奉为恋爱秘籍，却不知爱情是很公平的东西，不走心就一定会输，都不用意外。

- 04 -

现在的人，把套路当作敲门砖，把闲聊当成恋爱，大脑被刺激得只想追求多巴胺的释放，爱情得以加速的分裂与复制。我们在微信分手，又在下一个社交软件马上开始新一段恋情，恋爱这件事可能达到了前所未有的最浮躁也最易得的时代。而爱正是在此时开始，悄然离场。

互相试探三百回合，诚意全看红包，欲拒还迎，欲说还休，以退为进。这些套路如果编成一本书，恐怕连《孙子兵法》都自叹不如。果然，“我走过最长的路，就是你的套路”这话是写实的。

套路这件事，最大限度浪费了我们的生命，把我们无限度地拉进平庸，最终会让我们厌倦自己、厌倦爱情。人和人之间，算计来算计去，活得真是太累了。你坑我一把，我阴你一把，既伤了自己的神，也染黑了自己的心，谁都算不上赢家。

两个人在一起，没有那么多钩心斗角的算计，也就没有了瞻前顾后的担忧。保持心灵的干净，也保持自己的善良，才是最美好的，也能长久地相处。

我们总是习惯试探对方“你是不是真心”，而不去问自己“开不开心”，总是试图一遍遍地跟对方确认“你到底爱不爱我”，却不去问自己“我也喜欢他吗”。

别总是盯着别人的一举一动，也要确认自己的心意。别像个侦探一样总拿着放大镜，只需要问问自己，跟这个人在一起，自己真的幸福吗?

如果你跟他在一起的每一分每一秒，你都是笑着的，都是爱着的，那就大大方方地去爱，付出就付出了，没有什么甘不甘心或值不值。

如果觉得别扭，又有点心累，那就趁早结束这段博弈似的感情，放过彼此。你去找你的盖世英雄，他去找他的意中人。

在两个人的感情世界中，一锤定音的，不是心有灵犀的睿智，不是死心塌地的仰望，更不是套路满满的计较。是心疼、是怜惜，是两难境地里，那一点点无可奈何的舍不得。

人生短短数十载，那些繁华和哀伤终成过往，但爱你的人能始终如初。爱你的人不会对你精明算计，只会为你付出真心，陪你经历悲喜，也为你挡风遮雨。生活偶有疲惫，但爱的人在身边，一切都不足挂齿。

男生也好，女生也罢，愿彼此真诚相待，没有交易，没有对付出和回报的斤斤计较，愿你我都有一份纯粹的没有算计的爱情。

24 选择比努力更重要，它是一种升级人生的能力

懂得作出最佳选择的人变得最好；找到次佳选择的人变得次好；不懂选择的人全靠碰运气，可能越努力越糟糕。

-01-

每个刚刚毕业的大学生都知道，销售是最锻炼人沟通交际能力的。于是，静怡逆着自己的性格选择了到大城市做销售。

静怡每天派发传单、走访客户，从星期一到星期五加班到晚上9点，一直打电话联系业务，星期六也加班邀约客户到公司参加讲座。皮肤白净的她整个夏天晒得黑黝黝的。她每次听销售业绩好的同事做分享，都记下笔记；也跟着他们一起见客户，看他们怎么和客户交谈，静怡发现很多谈话的门道，尽管她听得云里雾里。她还买了

几本关于销售的书籍和励志文学。

看着身边的同事陆陆续续出单，静怡心里很羡慕，但是她的客户总是犹犹豫豫不签单，或者中途变卦。静怡每天顶着巨大的销售压力，额头上总是层出不穷冒出痘痘。尽管独立完成了几单，静怡还是因销售业绩不达标被劝退了。

她感觉自己的运气真的差透了，在心里反复想着：不是说只要努力，就没有做不成的事吗？难道都是骗人的吗？

静怡说那是她第一次感到人生的迷茫，去做行政吗？去做人力资源吗？她尝试去面试，发现总因经验不足被拒。

静怡不甘心收拾行李回老家，可是在偌大的都市里又感觉很无助。她给好友打电话，但多次电话打不通，迷茫如常，丧到极致。

想把生活过成喜欢的样子不是一件容易的事，也不是多背几句鸡汤就能做到。逆着自己的喜好、性格做事，只能增加自己的挫败感，甚至习得性无助，自设藩篱，止步不前。

当你选择了错误的重点、错误的方向、错误的观念，并不会有老师敲黑板告诉你提醒你。可就从这一天开始，你的人生马拉松跑错了路，费了很大的劲最后却没有成绩。工作就像谈恋爱，气场不合别硬来。

静怡一个人站在天桥上，桥下车辆来往，夜色阑珊。她抬头看见透亮的月亮和如墨水般颜色的星空，她想起小时候自己喜欢绘画，可是时过境迁，想要重新选择行业，必须从零基础学起。

为了保证每月的生活支出，静怡找了个业余时间比较多的文员工作。静怡一想到有了画笔作为业余寄托，就觉得生活美好得像是到处飘起了彩色的泡泡。再也不是过去做销售时，生活被蒙上一层灰色。

静怡选报了绘画班，又上网查了一下绘画入门教程，买了评分比较高的书籍，准备好绘画工具。

每天下班后回到宿舍，静怡都固定2个小时认真学习绘画，基础、技巧、用色。她边画边思考，力求每次绘画多一分精进。在学画的一年里，静怡多次尝试绘画作品投稿，但不是被拒绝，就是石沉大海。即便是多次被拒，也并未减少静怡对于绘画的喜欢和专注。

我们一直以为自己有能力，才能就不会被埋没。但现实并不是这样的，大部分有能力的人一直被埋没，因为他们忘了，展示自己的能力也是需要方法和技巧的。

- 02 -

在第二年的时候，有朋友推荐静怡把绘画作品放在网站上，定期将成稿发布在自己的主页里。开始的时候浏览量不高，更别说有人联系想与她合作。可是这种失落与当初签不下单不同，静怡觉得自己在绘画的过程中是快乐的，完全没有过去遭遇挫折后的丧气。

这一画便画了五年，在第五年的时候，有一位图书编辑很青睐静怡的画风，想与她合作给图书画插画。更有电商平台想与她长期合作画广告宣传。所谓时来运转，不过是顺势而为。

不停地怀疑自己，又慢慢修正自己、肯定自己，这是大多数人的进阶之路。它不是肉眼可见的直线增长，而是一种不知不觉的螺旋上升。

没有人告诉我们生活的真实模样，我们在鸡汤里拼凑来的价值观里寻找人生。有时弄丢自己，有时弄丢梦想，有时弄丢生活。我们都渴望享受美好的人生，现实却总是甩来一记响亮的耳光。

比起事业有成、爱情顺利，或许沮丧和失意有时才是人生常态，却总有人为了这一部分生活而垂头丧气。到头来却发现，如果你一味地沉迷于这种悲观的情绪中，除了别人的嘲笑，你什么也得不到。

盲目地在自己的小天地里打转，越来越易燃易爆，越来越歇斯底里。多看几本书，在书里找到适用自己的哲学，体验它的辽远和深刻，你便不再觉得生活中的挫折是什么无法消解的苦难。

你见过书中人，也仿佛经历过他们的人生，你知道了真正重要的是什么，是善良、真诚、敬畏与勇气，所以你存留着自己的圆融，不会因周遭的一点鸡毛蒜皮而变得尖利。

多去一些地方，了解那里的生态、那里的风土人情，看看世界各地的人们都在怎样生活着，你会发现你平时忧心的事儿实在太不值一提，还有那么多人勤勤恳恳地生活着，没什么是能被打败的，人生来就有韧性。

做你内心真正喜欢的事，即便是短暂的失败，你也会凭着心底的热爱，将自己从丧气的生活中打捞起来。

当你把时间和心思、注意力放在自己向往的事情上，为自己的生活真的积极起来了，就像是在心海里装了一根定海神针。无论外面怎样惊涛骇浪，乌烟瘴气，你都能向着自己心中的愿景，按照自己的节奏，持续地去行动、去坚持，接近目标。

这样的你，才能活得一点都不丧。

你选择跟什么样的人在一起，

终究就会成为什么样的人。

比起不要让别人失望，

你更该学会的是不要让自己失望。

25 你离美好生活，只差一个自我觉察的距离

我们所有的不安全感和焦虑，根本原因是我们把最珍贵的一切，投资给了别人，投资给了外物，而舍不得投资一点点给我们自己。

－01－

苏拉在外企工作几年后攒了一笔钱，于是辞职开了一家书店。店里不忙时，她会亲手磨咖啡豆煮咖啡、泡花果茶、烘焙小点心，给来看书的客人们免费品尝。一个人的小日子，过得也算惬意。

前几天去店里找苏拉，她同我说起一件发生在她身上的“趣事”。

苏拉的亲戚给她介绍了一个男孩，两人互加微信。几次微信上的礼貌寒暄之后，对方约她吃饭，地点选在一家苏拉常去的西餐厅。

用餐期间，男孩说："看你朋友圈，感觉你挺爱花钱的，不过也是，现在美女都爱花钱。"

Excuse me？爱花钱？苏拉仔细回忆了一下自己发过的朋友圈内容。上周末跟朋友去香港品尝街头小吃，上个月自驾去了古镇采风，两个月前去了趟韩国带回了护肤品和几件漂亮衣服。想来想去，其他的也就没什么了。

结账时，苏拉坚持 AA 制，男孩送她回家。

路上，男孩又说："你出去玩都是住四星级以上的酒店吗？其实老百姓经济实惠就好啊。"

"我觉得安全更重要。"

"不要太爱慕虚荣，像你这样会嫁不出去的。"

"我不认为我爱慕虚荣，我把自己养得好一点，不是让别人来教我省钱的。"

好吧，很明显，第一次见面两人就谈崩了。

没过几天，苏拉接到了亲戚的电话："你说你跟人家见面，怎么就不知道收敛点呢。你那天背的包包是不是又是新买的，人家一看就知道不便宜。你点的牛排要80块钱一份，你这会让人家以为你是个不懂持家的女孩，不适合结婚。"

苏拉挂了电话，又生气又想笑。

苏拉说，选择中高端的西餐厅是觉得环境不吵闹，适合两个人聊天沟通，自己背的包包也认为跟那天衣服比较搭配的。至于牛排，苏拉说她一直都吃菲力，没有故意点贵的。她觉得自己全程礼貌，反倒是男孩误解她的话让她十分不舒服。本以为话不投机，这事就算过去，没想到男孩跟亲戚又言语了一番。

她不明白，花自己的钱，买自己喜欢的衣服，吃自己喜欢的美食，怎么就成了不适合结婚了？

后来苏拉在博客转发了这样一段话：很多时候，女孩子并不怕穷本身，怕的是穷的心态，怕的是一直穷下去，还怨怪别人太奢侈。

一个永远只求你省，却不想自己去挣的人，还是算了吧，一段只想着让你降低标准，而不敢对自己提高要求的婚姻，不要也罢。

其实往往是对物质有要求的女孩，更懂得如何好好经营自己和生活。

每个把自己养得很贵的女人，都在追求一个可以懂得欣赏她的男人和一份相媲美的爱，而不是为了让你教她省钱的。

- 02 -

前几天，我被一个认识了十几年的同学拉黑了。

在刚刚过去不久的假期，我在朋友圈晒了一张和妹妹在香港迪士尼同卡通人物合影的照片。

大喜在底下回复：一到假期就出去潇洒，肯定攒不下存款吧？

我反复看了好几遍，确定那个头像是我的初中同学大喜，而不是我的七姑八姨们。

我没有回复，本也没记在心上。某天晚上，我正躺在沙发上一边看书，一边用美容仪推脸，大喜发来了微信：我们认识这么多年了，我也不怕跟你直说。我们同岁，都快30岁的人了，我知道你在外面一个人打拼辛苦，但也得知道攒点钱，挑男朋友的眼光不要太高。等我们奔40岁的时候，一个中年妇女没有钱没有老公，可怎么办？

读完大喜的短信，我气得差点没把美容仪扔出去。我明明在一个美丽的年岁，怎么就快成了中年妇女了？

我点开了大喜的朋友圈。

大喜毕业一年后便结婚生子，如今专心带宝宝。同学聚会时，常被女同学们羡慕。大喜的朋友圈每天有5条以上的内容都是照顾宝宝的日常，循环播放。还有转发的各种鸡汤，比如“快来看，太可怕了，马上就要被和谐了。”“快来集赞，送水杯一个。”

我们不评价任何人的生活，因为每个人都有选择自己人生的权利，只要你乐于、安于自己的生活，那对于你来说就是幸福。

我本想和上次一样，不回复大喜的微信，准备洗漱睡觉。谁知道她又接连发了 N 多条。

“我看你照片里又换了一双新的运动鞋，你买那么多鞋子干吗，有两双换着穿就好了啊。”

“前几天逛街碰见你妈妈了，听说你还没有结婚的打算，你说你工作那么拼命有什么用，找个好老公嫁了就都解决了。”

“你新做的头发得不少钱吧，像我这样直接扎马尾多省时间。”

……

我回复：大喜，每个人都在走自己的路，我买的每一双鞋、每一个包包都是我自己赚的钱，我享受这样的生活，我不想活成一个中年妇女。我不评价你的生活，你也别指点我的生活好吗？

再然后，我就被大喜拉黑了。

我呆呆地，看着已经不是好友的聊天界面好一会儿。回想起14岁认识大喜的时候，她被罚写古文，我帮她抄写。我回答不上数学题，她偷偷告诉我答案。

大喜和我，在毕业后过着完全不同的生活。我无法体会她为人妻为人母的快乐，她也不懂我努力写文到半夜，常常眼睛干涩得连隐形眼镜都摘不下来的感觉。

对很多女孩来说，所谓的安全感，就是找到一个可以依靠的男人，结婚生子，然后从此一生围着孩子和老公打转，生活里全部希望和快乐都来自老公和孩子。偏偏也有爱闯荡江湖，追求快意人生的人。

你的钱花得值不值，买的东西是好是坏，他们根本不关心。他们只关心自己把到嘴边的话说出来，企图在对你的指手画脚中，找到一点存在感。

– 03 –

简·奥斯汀的小说《爱玛》里，哈丽特问爱玛："你为何不结婚？

你如此天生丽质。”

爱玛说："告诉你吧，我连结婚的想法都没有。我衣食无忧，生活充实，既然爱情未到，我又何必改变现在的状态呢。不用替我担心，哈丽特，因为我会成为一个富有的老姑娘，只有穷困潦倒的老姑娘，才会成为大家的笑柄。”

在自给自足的前提下，把自己努力赚来的钱花在布置生活上并没有错。

毕竟，我们好好经营自己，就是为了不必委身于生活，不想过不涂口红、不做指甲的糙日子，不想连喝一杯咖啡都要心疼半天。

无论是和你价值观不一致的另一半，还是“看不惯”你活法的朋友，他们喋喋不休的“紧箍咒”其实都不必太在意。生活是一个漂亮的万花筒，每个人都有作出自己的选择并享受它的权利。

真正喜欢你的人，是不会让你降低姿态，去迁就他的标准，而是不断努力，拔高自己，和你一起过越来越好的生活。

书上说，你爱喝茶，我爱咖啡；你喜欢包子豆浆，我喜欢牛奶面包；你享受一群人涮火锅的喧嚣，我偏爱两个人吃法餐的浪漫。

每个人都有选择自己生活的权利，无关贵贱，只因喜欢。

努力做一个真实的自己，买心仪的东西，去想去的远方，在父母有需要的时候给他们最好的，这就是你一路向前的理由和动力。

愿你用自己喜欢的方式，过好这一生。

成年人的心平气和，有时候并不是一种真正的宽容，
只是以前那些拿来解决与他人冲突的精力和情绪，
现在需要更多地被拿来，去解决和自己的冲突。

26 最怕你既不会爱人，又不够爱自己

他若爱你，你脾气再大都叫个性。他若不爱你，就算你温顺得像只猫，他都嫌你掉毛。当他离开时，你就成了他双脚带起的灰。

– 01 –

前段时间，大家都被网络音乐热评刷屏了。

蔓琪摘录了一条热评转发在朋友圈：你说要敬往事一杯酒，再爱也不回头。实际就算你醉倒在黄昏独自愁，如果那人伸出手，你还是会跟他走。

我发消息给她："你转发的意思这么明显，他会看到的。"

"我不管，就是想让他看到。"

“何必呢，他已经有女朋友了。”

“没办法，我就是没办法忘记他，怎么也做不到。”

让蔓琪无法放下的，正是她的前男友，他们在一起3年多，3年时光看似不长，但折合成一天一小时，足以改变许多事，比如爱情。

我和蔓琪从高中到现在一直是闺中密友，小到选择鞋子的款式，大到择业方向的选择，我们都会在一起讨论，听对方意见。

唯独她前男友这件事，不止我磨破了嘴，谁的话蔓琪都听不进去。

那年蔓琪20岁，暗恋着大仁。

她问我：“你有没有试过爱一个人，爱到因为他喜欢绿色。于是你的床单也成了绿色，毛巾也成了绿色，香皂也成了绿色，连看到绿色卫生巾的包装，都会不假思索买下。可是，不敢穿一条绿裙出现在他面前。”

“为什么？”我问。

“笨蛋，那样的话就太明显了。”

大仁是个很普通的男孩子，还有一点过分消瘦。

蔓琪和他自称朋友，蓝颜知己。他俩常常标榜这种别样的友情。其实这并不是什么值得炫耀的友谊，有一条线是不能去触碰的，这一点两人再清楚不过。她用这种纠缠不清的关系，其实只能欲盖弥彰。

一起出去聚了几次，所有的人都感受到了，蔓琪和他，一个在拼命靠近，一个在小心后退。他从来不去拒绝，只是所有的表情和动作都出卖了自己的心。

蔓琪为他擦汗，他嘴上说着“谢谢”，表情却带着不自然。

蔓琪剥好了虾塞进他嘴里，他表面上笑着，身体却在抗议般地后退。

在 KTV 唱歌的时候，每到蔓琪唱到动情时，他就拿起手机，装作看不见。

抱着期望的蔓琪等来一次次的失望，这份单向的喜欢，哪怕从未拥有，也不想失去。

谁知命运开了个玩笑，大仁在一次醉酒后问蔓琪要不要做自己的女朋友。蔓琪自然欣喜若狂，没有拒绝。起初大仁是很疼蔓琪的，每天电话关心，节日礼物也从不忘记。我们一度以为蔓琪总算是守得云开见月明了。

男生过于主动的感情，只会让女生长期认为自己有百分之百的把握，生于安乐只会崩于忧患，哪天他的爱减少一点点，就开始作了。

蔓琪在这段感情中本就从没处在优势，后来更是逐渐走向弱势地位，丧失了主动权。

一段感情，一旦女人丧失了主动权，就会流失得特别快。

争吵、冷战、和好的戏码重复上演，每次蔓琪说“算了吧，分手吧”后立刻就会后悔。冷战和等待，成了蔓琪的家常便饭，看着手机里只有自己不断发送的短信，却收不到一条回复，她的心也慢慢冷了下来。

渐渐地，蔓琪和男朋友的相处模式换了一种，她开始过度关心起他的情绪，不做任何他讨厌的事。她变得小心翼翼，开始百般迁就他，迁就他的时间，迁就他的喜好，甚至发一条短信都要思量一会儿。

这场爱情最终以大仁的坦白为终结，他说自己对蔓琪的感情连自己都感到模糊，他觉得不能再耗下去了。

蔓琪和他在微信里吵得天翻地覆，甚至去他的公司堵人，大仁避而不见。几个朋友赶过去的时候，蔓琪一身酒气，呆呆地坐在喷泉边上，旁边散落着几听易拉罐。我赶紧跑过去，扯下围巾给她戴上，我吼她：你到底在干什么？你以为你这样就有用了是吗？

蔓琪“哇”地一声哭了起来：为什么我凡事以他为重，他还是不爱我，为什么啊？

为什么？谁也给不了她答案。

卑微地守着一份执念，耗费着自己最好的青春时光，等一个不再爱你的人和一份可想而知的答案，不该是一个成年人做的事。

他若爱你，你脾气再大都叫个性。他若不爱你，就算你温顺得像只猫，他都嫌你掉毛。当他离开时，你就成了他双脚带起的灰。

– 02 –

相比蔓琪，维安对待前任的态度，似乎更值得参考。

大学二年级的时候，维安的男朋友出国读书，两人约好等男孩学成回来后就结婚，不过异国恋短短维持了半年就宣告分手了。

其实用“宣告”并不合适，男孩起初不接电话，不回留言，玩消失，维安心里忐忑，直到在微博上看到男孩与另一个女孩的合影才知道，自己被分手了。

那年二十出头的维安和大多数的少女一样，没少为了失恋偷偷抹眼泪，她感到委屈又窝囊，却也只能自己默默消化。毕业的时候，她一个人拖着行李箱去了上海，像每一个在外漂泊的人一样，投简历，找工作，租房子，结交朋友。

毕业后仅仅一年，维安从实习生转成了出色的杂志封面设计，待人温和，处事理智。维安慢慢熟悉了新生活的节奏，也逐渐站稳了脚跟。

那年冬天，维安的前男友回国后第一件事就是来上海找维安。电话里嘘寒问暖，每天送花到公司给维安，维安将花退回几次后，两人约了时间见面。

男孩问维安："我希望你能给彼此一个机会。"

"我并不认为我们之间还需要再一次尝试。"

"你这几年都没有再找男朋友，难道不是在等我吗？"

维安放下手中的咖啡杯，抬起头直视对方的眼睛："我从不否认自己爱过你，但时过境迁，我已经让过去的成为过去。还有，我没有等你，只是没有随便。"

我没有等你，只是没有随便。

这大概是分手后，一个人最好的成长。所有破镜重圆之后还幸福美满的情节，怕是只有电视剧里才会上演的噱头吧。

就像那句“别和好，会重蹈覆辙”一样，听起来简单粗暴毫无道理，实际却说中了很多结尾，即使再继续，也不过是画蛇添足里丑陋的脚。

- 03 -

分手，并不是世间无真爱，只是你们情分如此。抱着“我难过你也别想好过”的心态，狠狠地跟对方斗得你死我活，可杀敌一万自损八千，从此在你心里留一道丑陋的疤。

爱到最后是运气，中间说再见也是常情。总不能因为最后分开，就否认之前的一切。

不要急着证明他的瞎，毕竟曾经的你那么爱他。用尽全力地爱过一个人，也不顾一切地争取过让他爱上自己，不论在那里经历多少伤心或多少耻辱，不论是蠢得很热烈还是聪明得很寂寞。

但凡发生的就是应该发生的，但凡经历的，只要当时甘愿，就是好的。

很多旧事经不起重提，大多不切实际的相见，都不如怀念。

过了期的情感就像是开罐太久的可乐，味道可能尚在，可那股一下子就让人鼻腔一爽的感觉却再也没有了。其实，我们都懂得，时过境迁，有些人错过真的不可惜，有些人真的不必太想念。

时间若是过去太久了，不如就把回忆的门关上吧，把所有的曾经做成标本，不再期望它们还能像当时一样鲜活。

一段感情结束了，不要追问“是否爱过”，因为事已至此，所有的曾经都已经不再重要了。你知道自己爱过，就够了。对方有没有爱过，在感情进行时，他说了算，可结束以后，他说了不算，要怎么定义你自己的回忆，你自己说了算。

他不爱你，你也可以不爱他。他不爱你，你要更加爱自己。

总有一天，那些曾经让你夜不能寐的，都会变成无关痛痒。就走你正在走的路，听你爱的歌，看你爱的电影，坚定不移地走下去。不要怕没人与你分享，想要遇到共鸣，就得先找到自己。总有人也会听那些歌、看那些电影，不要怕相见恨晚，相见恨晚后藏的都是还好遇到了。

你只需好好地过，等这一天悄悄降临，等你真正成了懂得爱自己的人。

我拿起电话，发了一条微信给蔓琪：不要毫无底线地去爱一个人，如果你想在这段感情里保持不被嫌弃的话，那么爱自己多一点算个 nice 的选择。

对于我们普通人，钱就是我们的胆。

钱买不来所有的快乐，

但钱能在你和快乐之间搭一座桥，

让你踏踏实实地走在上面，

走向另一端的美好。

毕竟真正的鸡汤只有四个字：我买得起。

27 一张有故事的脸，才是高级美貌

这世上从来就没有不老的神话，岁月是公平的，不管你是五官精致、长腿翘臀，还是肤色暗淡，腿粗微胖。你脸上的胶原蛋白都会慢慢流失，打在你身上的风风雨雨都不会少，是活成被人心心念念的奢侈品，还是三分钟热度的花瓶，全在于你自己。

-01-

在我们这一代十五六岁的时候，正是非主流的鼎盛时期。

女生都剪很厚的齐刘海儿，头发熨得直挺，拍照时把手比出V形。下课的时候，放眼操场，女生们都是流水线似的模样。可仍然有的姑娘，即便是在同样不合宜的齐刘海儿下，仍然让人无法忽略她精致的脸蛋，美丽得让人妒忌，比如茉莉。

和茉莉同桌的那个学期，常有同班或隔壁班好看的男生，从校外战战兢兢偷偷带回来炸鸡、果汁和零食，托我转送给茉莉，又或者是茉莉说晚自习她要溜出学校，让我帮她把风。

那些年，她的书桌里塞满了情书。

每个女生都会在十几岁的时候经历这样一个阶段，把有多少异性爱慕自己作为衡量自身价值的标准。所以那时候我偷偷学茉莉，学她把头发绾起，学她涂睫毛膏，学她在校服裙子下穿牛仔裤。

那时候的我真是很羡慕她，会暗暗自卑自己没有生得好看一点。

怀揣着对美的追逐与贴近，颤颤巍巍与自己的不完美对抗，是大多数女生成长的必经之路。

毕业后，听说茉莉换过几任男朋友，都是高高帅帅的，是我们这样的普通女生根本接触不到的男生。

我和茉莉多年后的第一次直接接触，是她通过同学找到我，希望我能帮她做一份面试简历 PPT。老同学的忙自然没法拒绝，我打开她原本做好的 PPT，被惊得下巴差点掉下来。

她要应聘的是跟财务相关的职位，简历上却配了花色背景，五颜六色的卡通人物时不时冒出来，还有几处明显的错别字，本人的照片由于分辨率不够看上去有点模糊。我用了一个周末的时间，帮她重新换了模板，上传了照片。

那次接触后的很长一段时间，我们都没有再联系。只是通过朋友圈知道，她后来又换了几份工作，现在在一家洗化用品公司当小职员，每月底做做报表，工资一般。在她上传的自拍里，依然看得到她姣好的面容和玲珑的身材。

美吗？当然美，可不知为什么，那种美会给人一种空洞感，看过几次后，甚至觉得有些乏味。毕竟走在大街上，肤白貌美长腿的姑娘，比比皆是。

茉莉在朋友的介绍下，认识了几个男孩，可在当下利弊重于情感的婚恋市场，不是茉莉觉得对方家世一般，就是对方认为茉莉学历平庸。几经折腾，也还是一个人。

总之，茉莉算是过上了普通的人生吧。

不是没想过，美貌究竟给茉莉这一路的成长，带来了什么呢？想来想去，不过是几个长相俊俏的前男友罢了。

你看，岁月是一台精准的计算器，它分毫不差地记录着你的付出和努力，衡量着你的底子和实力，测算着你的分量和价值。

纵使生来便有一副让人羡慕的好皮囊，若不把自己的位置摆正，不在尚好的年纪为自己的未来做点打算。最后除了几个记不起名字的过客外，似乎什么都得不到。

- 02 -

难道美貌真的没有用吗？

当然不是。

夏露在艺术院校毕业后，凭借扎实的舞蹈功底和自信乐观的性格，顺利进入一家舞蹈学校担任编舞工作。她会在网上上传自己的舞蹈视频，时常会接一些商演和街拍广告。还开了一家女装网店，自己试穿，自己拍照。

美貌给她带来了什么？因为长相好看和身材标致，她在学校获得了很多学生的喜爱，也得到了更多赚钱的机会，就连网店里服装拍摄也省了请模特的佣金。她会去帕劳潜水，会在五星级酒店里品尝点心，会给家里添置家具，而这些怎么看，都只不过是美貌带给她的小恩小惠而已。

别人看不到的，是夏露每天固定2小时练舞时的挥汗如雨和脚踝处的瘀青。下课后回到家，不管多疲惫，还是要打开网店后台，因为推广和美工都是她自己熬夜来做。网店服饰每周都要更新，服装工厂都是她一家一家实地考察后才确认合作的。偶尔有顾客不满意，她会亲自打电话沟通，小心处理。

夏露和茉莉一样，都是漂亮的姑娘，但夏露吃过很多苦，也受过很多累。

命运不会因为你长相出众，而对你下手轻一点。谁的人生都很不容易，能仅靠美貌争取到的优待，其实并不多。

“漂亮”这个词在一个女孩生命中的分量，随着成长反而是由重到轻的，它能给你带来的实惠也越来越少。你应该为自己打造出丰富多元的身份，“漂亮”只是一个单薄的侧影。

- 03 -

如今，人们已经越来越不满足于普世审美里的肤白貌美，而是更倾心于那种骨子里所散发出的魅力，是没有一丝哀伤的气味侵染在身上，是带着一股朝气和“我不认命”的倔劲儿，是在人生的洪流中，脱离庸俗的高级感，亦刚亦柔，亦庄亦谐。

除了极个别一出生便注定是人生赢家的幸运儿以外，绝大多数平凡的我们，必定要在无数个低谷里，同绝望拼个你死我活，再一步一个脚印地走出来，才能将自己想要的生活紧紧握在手里。

你长得美或者普通，不会对你的人生起决定性的作用。

这世上从来就没有不老的神话，岁月是公平的，不管你是五官精致、长腿翘臀，还是肤色暗淡，腿粗微胖。你脸上的胶原蛋白都会慢慢流失，打在你身上的风风雨雨都不会少，是活成被人心心念念的奢侈品，还是三分钟热度的花瓶，全在于你自己。

“生性爱美”的意识在任何时代都不会消失，但慢慢地你就会懂，再美好的容颜，若没有丰富的内心和练就的本事做支撑，迟早都会失去它的意义。

我曾经很伤心地仰慕着别人的完美脸蛋和纤细身材，觉得自己如丑小鸭般的存在。直到工作后这几年，靠写字养活自己后，才发觉老天还不算偏心，至少没有忘记分给我这一点点天赋。

直到现在，我依然羡慕那些脸蛋自带 PS 效果的姑娘。不能否认，生活对于那些长相漂亮的人来说肯定更容易些，可是这种漂亮与你生活得是否幸福、是否坦然淡定、是否有声有色关系不大。

你的美貌是你的天赋和运气，希望你好好珍惜，但你不能除了它以外一无所有。

人人都在变美的时代，你要美得有灵魂，越难修炼，越让人可望而不可即，才不会随着时间的流逝被摧垮。

28 你有什么样的嘴，就有什么样的命

有些话一说出口就是刀子，可是很多人偏偏喜欢拿刀子扎人。你要知道，没有人有义务通过你锋利的嘴，去理解你柔软的内心。

—01—

前段时间“钝感力”一词大热，说的是现代人不要对日常生活太过敏感，必要的钝感力是赢得美好生活的手段和智慧。

适当的钝感力让人更能抗击挫折和悲伤，有助于身心健康。但在人际关系里，尤其是好朋友之间，钝感力并不那么适用，缺乏适度的敏感力和分寸感，是会一不小心就沦为别人眼里的“讨厌鬼”。

世界上没有永远的朋友，就像没有永远的敌人。成为好朋友的

前提条件，不仅是志同道合、三观一致，还需要彼此有独立的生活空间。

生活轨道有交集，才有机会成为朋友，但只有保持平行，才能走得更远。朋友之间的交往，需要适当的距离。友谊也需要氧气，没有氧气就会窒息。

- 02 -

想说几件关于朋友之间相处分寸的小事。

嘉宝和小锦从前在一个公司上班，除了业务上的交集外，两人也是很好的朋友。下班后经常一起吃饭、逛街，生活上有什么难题也是互相帮忙。

一年后，小锦辞职随男朋友去了广州。虽然距离远了，可是嘉宝和小锦依旧保持着密切的联系，在长途电话里分享生活、吐槽奇葩、说说心事。

年底的时候小锦回来探亲，来公司看望嘉宝，顺便带了点礼物给以前的旧同事。

嘉宝和小锦在公司楼下的餐厅吃饭，还没开口问她在外地习不习惯，小锦却说："这次回来我才发现，公司的实力真的很一般，简直垃圾。你看你成天坐办公室，腰都粗了一圈。你在这里能有什么发展，做得再好也不过就是这样。"

嘉宝一惊，说不出话来。她顾不上在意午餐是什么味道，只记得小锦那几句刺耳、扎心的话。嘉宝没有想到作为好朋友小锦会这样评价自己的工作，下午回到公司后也一直无法安心工作，索性请了假提前回家。

嘉宝说她那天在家楼下的公园里哭了一会儿，因为小锦的话，让她联想到近期的不顺心，觉得自己的人生很失败。从那以后便很少打电话给小锦，小锦有事找她帮忙的时候，她也不再像从前那般用心。

我问嘉宝："后来小锦有没有察觉那些话伤了你的自尊心，而跟你道歉呢？"

"她有没有察觉不重要了，我也不想再多说什么。她已经在我的朋友单里被拉黑了。"

我们对感情亲近的人，不应该说那么重的话，连一些负面的词汇都该尽量避免，类似"垃圾""傻子""丑""胖"等，即使关系再好的朋友，心里也是很难承受的。

有些人，认为朋友间的交情已经很硬气了，没必要在意自己的表达方式，就“坦然”对朋友的事情指指点点，并声称“这是为你好”。但是，并不是所有的敞开心扉，都会换来感激涕零，反而容易“伤风感冒”。

年轻的时候，再多的误会我们也愿意用尽力气去解除，去问一句“为什么”，大不了吵一架、打一架、哭一场，也就和好了。

长大以后不一样了，我们的精力和时间有限，我们的信任变少了，底线却变高了，我们不容冒犯，我们再也不愿意轻易地原谅与和解。

- 03 -

前段时间同学聚会，一个多年未见的女同学加了我微信。

我们心里都知道，过去再要好的同学，经年不见，也难免生疏，彼此的状况也都没什么了解。现在她在哪座城市，做什么工作，有什么样的开心和烦恼，我一无所知。

我记得那天是周五，编辑和美编都忙得团团转，在做最后的确认，希望在下周一之前可以拿到样书。那个同学偏偏在那个时候发来微信，我礼貌地寒暄几句后，跟她说明了情况，说晚点回她。再没顾得上拿起手机。

加班到晚上8点，本以为回到家今天就算圆满了，却发现家里的宠物不知什么原因呕吐了几次，并且没什么精神。我慌慌张张拿起钱包钥匙，抱起它就往宠物医院赶。化验，等待，打针，一直折腾到11点才回到家。

我洗完澡摊在床上的时候，才想起拿起手机。看到她发来的十几条消息。开始是问一些我的近况，说到上学时候的事，又问我可不可以帮她妹妹介绍一份工作。到最后，我隔着手机屏幕都感受到她愤怒地质问："听说你这几年出了书，果然是牛起来了，对老朋友都不理睬了。再过几年是不是都不认识我们了？"

我打了几行字想要说明晚上的情况，写了又删，删了再写。最后，我选择不回复，直接把手机扔在一边，关灯睡觉了。

在她想要跟我一起回忆过去的时候，我在为工作心里像着了火一样。在她提出希望我能帮她妹妹介绍工作的时候，我正疲惫地挤在地铁里。在她讽刺我不念旧情的时候，我正抱着我的宠物在医院担心焦虑着。但我知道，这些都不必跟她解释。

很多时候，人与人之间，总是很难把握这样一个度，一不留神，就过了界，让彼此都觉得不爽。

- 04 -

拥有敏感力的人，常常能恰到好处地处理人际关系的临界点。相反，如果一个人缺乏敏感力，说话处世少根筋，不掌握尺度，就容易惹人生厌。

比如我朋友的同事 L，心眼不坏，就是性格大大咧咧，说话爱出乱子。

有位女同事因为发现未婚夫与女大学生关系暧昧，所以解除了婚约，请了一周的假回家调整情绪。返回工作岗位那天，大家都心照不宣地想要照顾她的情绪，中午吃饭的时候，还说下班一起去看新上映的电影。L 也想对同事表达关心，说知道一家皮肤管理中心很不错，还把预约电话给了女同事。却紧接着跟了一句："女人啊就是要保养的，现在的小姑娘一个个娇滴滴的，嫩得可以掐出水来。咱们人老珠黄的再不保养，老公和财产可就真被她们抢去了，什么都剩不下。"

女同事脸色突然沉了下来，大家也都一时语塞。

L 完全没有察觉到气氛不对，继续说："新闻调查都报道了，现在大龄剩女比例持续增长，没结婚的可要抓紧了。”L发表完她的肺腑之言后，气氛可谓尴尬到了极点。

L是故意戳同事痛处吗？其实并不是，只是她对女同事好言相劝不仅没有起到关心安慰的作用，也没有跟女同事拉近距离，反而让对方心生厌烦，关系越来越疏远。

有些话一说出口就是刀子，可是很多人偏偏喜欢拿刀子扎人。你要知道，没有人有义务通过你锋利的嘴，去理解你柔软的内心。

去关心身边的人没有错，但真正有效又舒服的关心，并不只是站在自己的立场去关心，而是要换位思考地去关心，能将心比心地站在别人立场想问题的能力，更要先一步想到说出口的话会造成的后果。

情商高的人拥有钝感力与敏感力自由切换的能力，而钝感力有余，敏感力不足的人，往往好心做坏事。

- 05 -

忘了是谁说过，“走得太近，是一场灾难”。

我们每个人都渴望拥有亲密无间的关系。但你想想看，那些最后不相往来、互删微信、友谊翻船的人，哪个不是曾经无话不说到天亮的。

好朋友之间的分崩离析，会比你想象得更加剧烈。过于亲密会模糊两个人之间的分寸和界限，到了全面崩盘的时候，那种被在意的人伤害、误解的情绪一股脑扑来时，没人能毫不在意风轻云淡。因为我们都曾付出过自己的真心，因为我曾认为，你是我没有血缘关系的亲人。

朋友之间，言语上不注意，金钱上没分寸，行动里不知尊重，时间久了谁都会远离。亲人之间，天天面对面，打听下你的家里事，分享点小道消息，久而久之烦了、厌了、远了。家人之间，孩子的小家庭你非要介入，另一半的信息天天查看，每天黏着他们没了自我，最终感情却成了隔阂。

所以，人际相处成败都在一个“度”上，懂距离知分寸，才能长久。这距离和分寸不是疏远，也不是冷落。而是唯有这样，我们才能尊重自己在意的人，才能安稳妥善地保护好我们之间的感情。

我们和恋人之间的关系很亲密，但这并不意味着两者之间就不能有个人空间。要保持适当的距离，鼓励、认同、尊重，然后有各自的朋友圈子，和睦愉快相处。

有些人和朋友关系亲近一点，就开始有各种要求，如果朋友不满足就产生抱怨。这样的朋友相处起来，让人觉得心累。真正的友情是纯粹的，帮或不帮都是一个成年人的选择，不能用道德去绑架。和陌生人之间，更不要试图窥探别人的隐私，说话留有余地，不能强人所难，说话不能不看时机。

不必靠太近，各自都有各自的生活，不要离太远，我们的生活圈还有交集。那句老梗“距离产生美”，其实就是彼此尊重，彼此珍惜。

人生是一场没有标准答案的考试，
你的每一个选项都指向一个结局。
那个结局，我们称其为命运。

29 所有退而求其次的消费都是浪费

你花的每一分钱，都是在为你想要的生活投资。你愿意为那些美好和浪漫付费，你便值得那些美好和浪漫所带来的光环。

-01-

前些日子去帮贝拉搬家，整理衣柜的时候，她扔了一大堆鸡肋货：完全不会再穿的衣服，不合品位的包包，劣质的鞋子，以及不见效果的平价护肤品。

我问她："你确定这些全部要清出你的家？要不要再挑拣一下？"

"确定。不用了。"

贝拉从前和大部分的年轻姑娘一样，沉迷于网购衣物。休息的时候就会点开 App，当季新款，价格却是商场里的一半，付钱方便，快递迅速，大手一挥清空购物车，一点都不心疼，反而有一种可以随便买的爽感。仗着自己年轻身材好，便宜货也能穿出白富美的范儿，常常沾沾自喜自己又漂亮又很会省钱。

到了周末，姐妹几人结伴逛地下商城，一个下午买下十几件衣服鞋子，心满意足地打车回家。看似满载而归，不过人民币数百元而已。

直到上个月，贝拉和几个同事要一起出差，去见重要合作客户。当她打开衣柜巡视一番，可翻来翻去，贝拉仍找不到一件得体的衣服。

贝拉坐在衣柜前，失落极了。她忽然发现，这些她平日里淘来的便宜货，有一部分因为起球和缩水等原因只穿一两次，而另一部分都没有活到第二年就被她迫不及待打入了冷宫。

不知道是不是每个姑娘都有一段网上购物的黑历史。

姑娘们看看自己的衣柜，廉价的衣物使用次数真的很少，为数不多地穿出去几次，各式各样的毛病都会有。脱线、掉毛、变色，不需多久便被你淘汰了，再入一批新宠，其实它们的命运亦无差别。

扔扔扔是对买买买的报复，扔了那么多，还不是因为当初买得不够

好。什么算便宜？什么算浪费？所有退而求其次的消费，都是浪费。

– 02 –

莉莎是姐妹中最早背四位数价格包包的姑娘。

她实习转正后的第一件事，就是去商场给自己添置了一款心仪已久的包包，并非虚荣拜金，而是她坚信，自己在今后的很多种场合都需要这样一只包包陪在自己身边。

有人酸她，说："才工作就买这么贵的包，那再工作几年还了得。"

"这个包虽然贵了一点，但款式百搭。况且我的包不多，一个黑色，一个米色，一年四季的搭配都够了。"

"你对自己真舍得，我最贵的包都没超过500块。"

"那你买了这么多便宜的东西，一定存了不少钱吧。"莉莎这一问，大家都愣住了。

我们在买便宜货的时候，往往冲着便宜而买一大堆回来，在价格上我们斤斤计较，在数量上却毫不手软。因为总想着买便宜的，能省则省，但便宜的总禁经用，一阵又一阵地换新，也花费不少钱，但最终你也没能留下几件像样的、拿得出手的好东西。

你以为自己勤俭持家，其实是在铺张浪费。

把有限的钱花在刀刃上，让自己看起来精致而讲究。不要说人家装，不要说人家浪费，人家只是用一堆廉价货的钱换了一种高水准的生活。

莉莎至今每个月都会给自己设定一个目标，只要达成目标就会送自己一样小礼物。这个月是一支 LAMY 钢笔，下个月是新款早餐面包机，或者乳胶枕，都是非常能够提升生活质量的必备用品。

用莉莎的话，我们都不能像超人那样，始终保持元气满满的状态拯救世界。尤其是女孩子，时常会有坚持不下去的时候，所以买买买对我而言，是给自己加把劲。一个包，一条裙子，甚至只是一套有点贵的沙发，都会让她觉得，哪怕明天有苛刻的客户要对付，哪怕老板要求周末继续加班，她也有一点点能够抓得住的奔头和希望。

没有人能够一直打鸡血，这才需要适当地物质奖励，带来催人向上的前进动力。这些小小的，能够用金钱衡量的物件，对很多人而言，是生活会越来越好的希望，是能够通过自己的努力获得更多的底气。

- 03 -

就像那句话说的，也许每个姑娘都有一段这样的成长过程，从追求数量，到追求质量；从喜欢买新衣服，到只买好衣服。因为千帆过尽，阅尽繁华和苍凉，才慢慢发现，我们的人生不是用来凑合的。

有时候，我们买的不仅仅是一个冷冰冰的物件，而是一种对生活的态度，是一段陪伴。在有限的生命里，独自一人的时候，那些你珍爱贵重的东西随着时间的流逝有了你使用的痕迹，有了你的气味，它们会护你周全、陪你冒险，和你一路看风景。仅这一点，就值得你花更多的金钱和精力去得到。

那些喜欢的人，我们可能买不下来，但是东西看到喜欢的，我们还是可以买下来让它们属于自己。从某种意义上来说，一件好的东西可以陪你很久，你想象不到的久，你开始怀疑人生、怀疑男人，你都不会怀疑它的质量。

当你有了让日子越过越好的能力，对自己大方一点。为了真正喜欢的东西，从而努力攒钱得到。也许当时财力无法承担，但在追求的过程中，你会得到另一种收获，那就是你开始明白，自己究竟想要的是什么，不论是衣服、人生还是另一半。

只有正视自己的野心和欲望，让自己先成为自己喜欢的模样，你才会竭尽全力地挤进想要的生活圈子。

30 生活并不苦，苦的是不知如何避免吃苦的人生

我们向对方索取的，往往是对方同样无法从我们身上获得的，获取安慰就是其中一个。所以，别跟孤独死磕了，你要试着与它相互驯服。

- 01 -

那年12月的一个晚上，我在家写稿子。微信响了一声，在日本留学的阿曼发了一张照片给我，附带一句："亲爱的，你孤独吗？"

我点开图片，她一个人站在飘雪的校园里，双手插进衣兜。我本能地拿起手机准备回她几句安慰的话，思绪却僵住了，只好先转移话题："日本又下雪了，你怎么没戴帽子或者打伞呢？"

她说，今天下雪，她想起以前我给学校广播站投过一篇关于初雪的稿子。

她说，她连在梦里，都会想念父母的唠叨。她开始怀疑，当初为什么要一个人跑到陌生的国家来，这里没有她爱吃的菜，也没有她牵挂的人。

她说，亲爱的，你也是一个人在外，你孤独吗？我好孤独。

我孤独吗？如果我说“不”，那我一定是在撒谎。

圣诞节期间超市的打折活动很多。吐司面包买一送一，纯牛奶买一箱送十袋，薯片买两袋送两袋，就连卫生卷纸都是买一提送一提，可我仍旧每样只拿了一件放进购物车里。

有一种孤独，类似麦当劳的冰激凌第二杯半价。你明知道有些东西买一送一很划算，却还是只能买一样，因为你一个人消受不了。

要好的朋友与我不在同一个城市，她在朋友圈分享旅行照片，与她合影的人我并不认识，她穿着新买的裙装，配的文字我也未能看懂。我不知道她下一站要去哪里，遇见了哪些有趣的人。

有一种孤独，叫作来日陌生的是昨日最熟悉的某某。后来，我的生活里再没有你的参与，你的世界里有太多我不知道的新鲜事。

去看喜剧电影，笑点不少，坐在我前排的姑娘倚在男朋友的肩膀上笑个不停，而我只是默默看，不出声。不是我笑点太高，而是很多东西需要互动，才会有趣。

有一种孤独，叫作遇到了开心的事，转过身却没有人可以一起分享。

一个人去医院挂号，看医生，做化验，等结果，下楼排队拿药。来看病的人不少，医院走廊里甚至有点吵。但仍盖不住消毒水的味道和医院本身自带的冰冷磁场。

有一种孤独，叫作生病时，无人递药。

这样的瞬间，太多太多了，多到记忆存储容量不够用，有些渐渐被我忘记。

人生路上那个最难打赢的Boss，它不叫失恋不叫破产，甚至不叫生死，它就叫作孤独。它像时不时出现的饥饿感，要不了你的命，却总是让你那么不舒服。

- 02 -

杰西是高我一届的学长，在一家规模不错的游戏软件开发公司上班。杰西会三门外语，不是只会简单打招呼的用语，而是可以顺畅交流的那种。与大多的IT宅男不同，杰西在工作之外的时间里，也会给自己安排很多事做，比如练习马术，比如游泳，比如参观画展。

我在群里抛了一个问题："你们会感觉到孤独吗？"

没想到杰西秒回："会，常常。"大家惊叹，怎么可能，杰西生活丰富，人有颜有品又多金。

"孤独无处不在，见缝插针。无论你把生活过得多么有声有色，有钱有爱，都甩不掉它。但也正因为孤独，才想要制造更多不同的生活体验。"他回。

你看，其实每个人的生活都是孤独的。普通的人，可爱的人，有才华的人，甚至是你认为非常棒的人，也都逃不过孤独。就像这天上的星星一样，看起来都挤在一起，可是每一颗都至少隔了十万八千里。

人与人的差异并不在于是否孤独，而在于你如何对待孤独。

我从前也试过很多种方法跟孤独作战。在微信群里和并不熟悉的人凑热闹聊天，一遍又一遍刷热门微博，每天发三四条朋友圈，每隔十几分钟就拿起手机看看，有多少个赞，有多少条评论。又或者每晚给闺密发语音聊天，一聊就是两个钟头。

即便是这样，我也未能伤孤独丝毫，还认清了一件事：孤独有无数种形式可以突袭你，永远别指望有人可以24小时无间歇关注你，你不是谁的全世界、不是谁的万人迷、不是谁的小宝贝。

我们向对方索取的，往往是对方同样无法从我们身上获得的，获取安慰就是其中一个。

所以，别跟孤独死磕了，你要试着与它相互驯服。

在不想与孤独拼个你死我活后，我试着不刻意去感受它，试着去善待它，甚至利用它。

上个月我一个人去看了刘若英的演唱会，奶茶声音依旧温暖，大家跟着舞台的律动挥着荧光棒。我们互不相识，但因拥有同样的共鸣而点头微笑。

上周我去上花艺课，花材、剪刀、猫咪、阳光、音乐和一群热爱生活的姑娘。虽然有些笨手笨脚，但在整个制作花艺造型的过程中，我暂时忘记了生活中那些大大小小的麻烦事。

上上周我窝在咖啡馆看书，再抬头已经天黑。我裹好围巾准备去搭地铁，没错，我依旧形单影只，却感觉充实和幸福。一个人，或许空旷，但也可以不寂寞。

从前觉得一个人是一件很苦的事情。过了几年后，发现其实一个人是一件很酷的事情。

这苦与酷的差别，其实在于你有没有学会讨自己的欢心，有没有懂得如何与孤单相处。

被孤独 KO 并不丢人，如果你可以过好一个人的生活，那你一定可以过好这一生。